光尘
LUXOPUS

批判性思维入门

30天学会独立思考

[美] 理查德·保罗　[美] 琳达·埃尔德　著

侯玉波　郑尧　马树艳　译

30 Days to Better Thinking
and Better Living Through
Critical Thinking

人民邮电出版社

北京

图书在版编目（CIP）数据

批判性思维入门：30天学会独立思考 / （美）理查
德·保罗著；（美）琳达·埃尔德著；侯玉波，郑尧，
马树艳译. -- 北京：人民邮电出版社，2023.11
　ISBN 978-7-115-62673-8

　Ⅰ. ①批… Ⅱ. ①理… ②琳… ③侯… ④郑… ⑤马
… Ⅲ. ①思维方法－通俗读物 Ⅳ. ①B804-49

中国国家版本馆CIP数据核字(2023)第194127号

◆ 著　　　　[美] 理查德·保罗
　　　　　　[美] 琳达·埃尔德
　译　　　　侯玉波　郑　尧　马树艳
　责任编辑　郑　婷
　责任印制　陈　犇

◆ 人民邮电出版社出版发行　　北京市丰台区成寿寺路 11 号
　邮编 100164　　电子邮件 315@ptpress.com.cn
　网址 https://www.ptpress.com.cn
　文畅阁印刷有限公司印刷

◆ 开本：880×1230　1/32
　印张：7.5　　　　　　　　　2023 年 11 月第 1 版
　字数：142 千字　　　　　　 2025 年 6 月河北第 5 次印刷
　著作权合同登记号　图字：01-2023-2768 号

定　价：59.80 元
读者服务热线：（010）81055671　印装质量热线：（010）81055316
反盗版热线：（010）81055315

本书赞誉

　　理查德·保罗和琳达·埃尔德博士合著的《批判性思维入门：30天学会独立思考》一书，为我们提供了心理学的导航系统，可以让我们的思维变得更清晰。如果你想按照自己的真实意图生活，那就必须批判性地对待自己的所思所想。"想想自己在想什么"乍一听有点奇怪，不过不要紧张，通过练习和不断地接受指导以纠正自己消极的、自欺欺人的习惯和信念，以及模棱两可的想法，你将在短短30天后享受一个更美好、更清晰的世界。如果你曾梦想过一种更高效、平衡且自足的生活，那么按照本书所说的步骤来做，你将收获精彩的人生。

**　　约瑟夫·J. 卢斯亚尼**（Joseph J. Luciani）**博士，畅销书**《**自我训练：改变焦虑和抑郁的习惯**》（*Self-Coaching: The Powerful Program to Beat Anxiety and Depression*）**的作者**

很多人从小学到高中读了 12 年，大学读了 4 年，研究生又读了 4 ～ 6 年，结果还是不知道怎么思考，这实在是一件既讽刺又可悲的事。尽管教育家们总是将"批判性思维"这个词挂在嘴边，但我在做教授、作家和学者的这 35 年里发现，几乎没有几个人知道该如何思考。如果一个人的记忆力不错，那他也许知道该记住什么，但对于如何思考仍然一无所知。鉴于此，对我们社会的进步而言，理查德·保罗和琳达·埃尔德博士的这本书就显得至关重要。《批判性思维入门：30 天学会独立思考》一书是目前教人们学会如何思考的最佳指南，里面不仅有重要的理念，还涉及生活中的方方面面。你的生活将因此发生改变，你也将生活在一个更安全、更有序的世界中。

迈克尔·舍默（Micheal Shermer）**博士，《怀疑论者》** (*Skeptic*)**杂志的发行人、《为什么人们轻信奇谈怪论》**(*Why People Believe Weird Things*)**的作者**

"思考自己在想什么"，这种能力是将我们与其他有思维能力的生物区别开来的特征之一。我的丈夫阿尔伯特·艾利斯（Albert Ellis）是心理学的先驱、人道主义者和伟大的思想者，他就一直不断地提醒人们这一点。在这本实用、清晰且简单易读的书里，理查德·保罗和琳达·埃尔德为读者提供了富有启发性的描述、概念、原则，以及让人们能更好地理解和进行有效思考的建议，来帮助大家提高生活质量。他们在书中尽自己最大的努力鼓励读者通过更好的思考和有意义的行动来体验到更好的生活，这本身就是让人备受鼓舞的事情。通过将不同的理论和作者的指导说明结合起来，我们可以在思考中更好地发现自己的问题，预防错误发生，并采取有效的行动。这些都是对大脑和思维最好的锻炼。除此之外，更鼓舞人心的是，作者说这样做可以让我们生活的世界变得更加美好。大家一起行动起来，运用这些方法最大化地为我们自己、他人和整个社会谋福利！让我们用健康的方式思考和行动，让社会变得更加和谐幸福吧！

黛比·约菲·艾利斯（Debbie Joffe Ellis）博士，心理医生、作家、演讲人

我相信，如果读者能按照理查德·保罗和琳达·埃尔德博士在书中提出的 30 天计划行动，那么他的思考能力和生活质量都会得到大幅提升。这个 30 天计划从"发现自己的无知"开始，之后进入"学会与他人共情""阐明你的想法""保持理性""学会提问"等章节。这显然是受到了古希腊先贤苏格拉底和他的经典名言"认识你自己"的启发，是对自己和古代希腊人智慧的一种反思。此外，这项批判性思维培养计划不仅能让你掌握相关技能，还能让你在道德水平上有所提升。这一点在"第 15 天：待人公正，不自私"（也是我最喜欢的一章）和"第 24 天：不要做正义审判者，要展现你的宽容"这两章里表现得尤其明显。这本简洁易懂的书是两位作者几十年来卓越努力的结果，包含了他们很多宝贵的经验和智慧，让批判性思维的概念得以发展和传播，并获得了越来越大的影响力。

弗兰克·费尔（Frank Fair）博士，萨姆休斯顿州立大学，《探究真相：跨学科的批判性思维》（*INQUIRY：Critical Thinking Across the Disciplines*）的执行编辑

《批判性思维入门：30 天学会独立思考》是一部宣言，它意味着人们将坚定地用清晰和公正的思维方式来对待自己的生活和人际关系，揭露自我的各种偏见，并承认自己在面对他人有说服力的策略时是多么软弱无助。不要再继续当弱者，也不要成为霸道的强者。来阅读这本书吧！它是介绍逻辑和批判性思维的绝佳入门书，是一本可以帮助人们更好地看清自己周围世界的实用手册。

凯伦·E. 迪尔（Karen E. Dill）博士，《幻想如何成为现实》（*How Fantasy Becomes Reality*）的作者

这是一本全面且有效的生活指南。它可以让人们厘清思路，将经过验证的思维概念用于自己的日常生活中，堪称批判性思维领域的经典读物。

乔治·汉福德（George Hanford），美国大学理事会名誉主席

阅读这本书可以让你获益良多。理查德·保罗和琳达·埃尔德的这本书延续了他们一贯的风格，既注重宏观的理论又强调实际的运用方法。全球化的 21 世纪不仅为我们带来了无数复杂、严重的问题，也带来很多前所未有的机遇。我们要想在这种环境下生存和发展，就需要掌握更好的思维方法。幸运的是，这本书就是一个高质量的"工具箱"，包含了各种精妙、实用且富有创意的批判性思维工具。两位作者还为这些工具提供了简单好用、通俗易懂的使用说明。

唐·安布罗斯（Don Ambrose）博士，《罗帕评论》（*The Roeper Review*）的编辑

很多人在面对复杂问题并且必须做出决定时，需要有一本书来为自己提供指导，告诉自己该如何做。理查德·保罗和琳

达·埃尔德博士运用了批判性思维概念，以一系列观点、问题和指导来帮助读者提升思维能力，过上更理性、客观的生活。我发现这本书不仅明确地阐释了各种思维方法和概念，而且还包含很多案例和生动的图表，兼具可读性和实用性。这本书将成为每个人的案头必备工具书，也是理解批判性思维在日常生活中必要性的宝贵指南。

梅尔·曼森（Mel Manson），美国恩迪科特学院社会心理学系教授

理查德·保罗和琳达·埃尔德博士是批判性思维领域的卓越领导者，他们通过优雅、易读的写作风格向我们展示了如何客观而诚实地通向批判性思维这片"沃土"，学会运用批判性思维的技巧和方法来提高自我意识，改善与亲人、同事以及社会其他人之间的关系。这是一本真正有价值的书籍。

比尔·梅辛克（Bill Messink），美国奥克顿社区学院教授

目录

下篇
批判性思维的 30 天养成计划

目录

目录

思维质量决定生活质量

"思考是一个技术活。如果没有进行过专门的学习和练习，我们是不太可能天生就能进行清晰的逻辑思考的。一个人的头脑未经训练，就跟从来没有学习过一样，我们是不能指望他会成为好的木匠、高尔夫球手、桥牌手或是钢琴家的。然而，世上的大多数人却认为思考是不需要技巧的，进行清晰、准确的思考是一件很容易的事，任何人都能做到，并且每个人的想法也都是可靠的。"A.E. 曼德（A. E. Mander）在其著作《清晰的思维：每一个人的逻辑》（*Clear Thinking: Logic for Every Man*）中这样写道。

人类做任何事都需要思考。我们的思维告诉我们该相信什么，不该相信什么；什么重要，什么不重要；什么是真的，什么是假的；谁是我们的朋友，谁是我们的敌人；我们该如何支配自己的时间、找什么样的工作、该住在哪里、跟谁结婚、怎样教育小孩……我们知道、相信、期待、害怕和盼望的任何事情，几乎都是思维告诉我们的。

因此，我们的生活质量主要是由思维质量决定的。我们的思维几乎决定了我们做的任何事情的结果和意义。

在工作中，你的工作质量是由你面对问题时大脑进行推理思考时的质量决定的；你的人际关系的质量取决于你在关系中所做的思考；当你阅读这本书的时候，你对书中内容的理解主要取决于你的思维方式；你理解和吸收本书观念的能力也是由你的思维水平决定的。

因此，学会批判性思考非常重要，绝不能等闲视之。一旦经过训练掌握了批判性思维，面对任何情况你都将展现出卓越的思考力；掌握了批判性思维，你将能够掌控控制你行动的思想。

不管你所在的环境或你的目标是什么、你在哪里、正面对着什么样的问题，如果你可以控制自己的思维，那你就可以过得更好。无论你是专家、父亲或母亲、公民、丈夫或妻子、朋友还是购物者，在你生活的各个领域，在任何情况下，拥有高水平思维都能带来许多好处。相反，糟糕的思维往往会给你带来麻烦，浪费你的时间和精力，甚至让你感到沮丧和痛苦。

要想成为一名批判性思考者，你需要学习从人类生活不同的角度来观察、监控、分析、评估和改造多种思维模式，形成良好的思维习惯。你大脑中进行的每一个步骤都是有意义的，它需要你极其专注、有韧劲，并且诚实正直。你只有认真对待，并用一生去追求，才有可能成为批判性思考者。

　　这本书向你展示了如何通过改变思考方式来提高思维能力。本书中的每一个观点都能帮助你更好地掌控思维，避免它再控制你的想法、情绪、欲望和行为。

　　我们希望的不是你发生奇迹般的转变，而是希望能为你未来思维和情绪的成熟与改善奠定基础。我们抓住的仅仅是复杂艰深问题的皮毛，我们提供的不是一个快速的解决之法，而是一个起点，意在抛砖引玉。当你开始认真对待自己思维的成长的时候，你就会看到自己生活的各个方面都将获得回报。

　　不过，你必须先唤醒自己的思维，必须开始理解自己的思维；你必须开始清楚它什么时候给你或者其他人带来了问题；你必须学习在它试图躲起来的时候捕获它（思维天生习惯于自我欺骗）；你还必须弄清楚自己是如何在不知不觉中就轻信了思维的把戏和鬼话。这本书将告诉你如何采取行动。

为什么学会思考如此重要

思维经常会带来麻烦

思维总是给我们带来麻烦，因为我们常常：

- 思路不清晰、头脑混乱或疑惑不解；
- 急于得出结论；
- 听不懂他人的弦外之音；
- 失去目标；
- 不切实际；
- 纠结于细枝末节；
- 忽视矛盾的存在；
- 相信不可靠的信息；
- 提出模棱两可的问题；
- 给出模棱两可的答案；
- 问的问题太多；
- 问的问题彼此不相干；
- 混淆不同类型的问题；
- 回答我们无法回答的问题；

- 基于不可靠或不相干的信息得出结论；

- 忽略不能支持自己观点的信息；

- 做出经验无法验证的推论；

- 歪曲数据和呈现的数据不准确；

- 没有注意到自己的推论；

- 不能区分推理和假设；

- 得出不合理的结论；

- 没有注意到自己的假设；

- 做出不合理的假设；

- 未能抓住关键的想法；

- 提出与问题不相关的观点；

- 想法混乱；

- 想法肤浅；

- 用词不当；

- 忽视相关的观点；

- 看不到除自己以外的他人的观点；

- 看不到自己的偏见；

- 思路偏狭；

- 思维不严密；

- 思维不合逻辑；

- 思维片面；

- 想得简单；

- 想法虚伪；

- 想法比较肤浅；

- 以社会为中心思考；

- 以自我为中心思考；

- 想法缺乏理性；

- 面对问题无法做出合理推理；

- 做出糟糕的决定；

- 沟通能力差；

- 看不到自己的无知。

改善思维，才能掌控生活

这是一本讲如何通过改善思维来改善生活的书。人为什么会有思维？为什么思维如此重要？为什么要提高思维水平？

答案其实很简单：只有通过思考，你才能改变自己生活中那些需要改变的地方（有些地方你甚至都不知道需要改变）；只有通过思考，你才能掌控自己的未来。你是不是觉得这听起来太简单了？那就请你继续读下去。

人类习惯进行思考，或者说人类时刻都在思考。因此，可以确定的是，思考是我们每天所做的主要的事情。从早上醒来的那一刻起，我们就开始思考了。在我们醒着的所有时间，我们也都沉浸在思考中。即使我们不想思考，也无法做到不思考。

现在，你在考虑是否要认真对待我们所说的内容。你的想法引起了你的感受，调整了你的需求，指导着你的行动——你关于教养方式的思考决定了你会如何做一名家长；你关于自己财务状况的思考决定了你怎样做出财务方面的决策；你工作中的思考方式同样决定了你的工作表现如何。

问题是，人类的思维常常是有缺陷的。许多令人后悔的行为都源于错误的推理。事实上，由思维问题引起的生活问题可能要比由其他因素引起的问题还要多。这些问题甚至会导致冲突与战争、痛苦与沮丧、暴行和苦难。

然而，大多数人都对自己的思维方式感到满意，因为人类社会一般不推崇思维进步，生活中人们也没有意愿去追究自己思维方面的问题。因此，人们往往生活了一辈子也没有意识到思维在生活中扮演着重要的角色。

如果你想显著提高自己的生活品质，就必须认真对待自己的思维方式——认真学习如何思考。你必须开始观察自己的思维，审视它，并见证它在行动中的力量；你必须开始用与思维相关的知识来训练自己的思维，并将这些知识应用于日常生活；你必须开始分析、评估并努力改善自己的思维；你必须进行批判性思考。

这本书探讨了有关思维的一些基本事实。尽管有关思维和思维与情绪、需求之间的关系的研究非常复杂，但是我们大多数人还是可以了解思维的一些基本原则的。关键在于，你要系统地运用基本原则来改善自己的生活，即将批判性思维用于日常生活的具体行动中。你可以学习它、使用它。这本书就提供了一些基本的批判性思维的材料和工具。

人类的思维天生存在缺陷

在开始认真了解思维之前，你必须首先意识到人类思维固有的缺陷。如果不进行干预，人类的思维必然会出现问题。例如，人类是有偏见的，我们很难改变对其他人的固有看法。我们经常表现得很虚伪，我们有时会为导致偷盗、杀人、酷刑等的政策和行为进行辩解，认为它们是合理的；我们还常常忽视重要的问题，其中很多问题本是下定决心并好好思考就能得到解决的，例如饥荒、贫穷和流离失所等问题。

更严重的是，即使我们不够理智，我们的行为看起来却是合理的。当我们受到挑战时，我们的大脑会对自己说："这些人为什么要这样对我？我没做错什么呀？任何一个正常人都知道这一点！"简而言之，我们会自然地认为自己的想法是完全合理的。在我们的认知里，我们只是在做正确的、恰当的、合理的事情。任何想要暗示我们可能错了的想法通常都会被更强大的自我辩护的想法战胜："我不想伤害任何人。我是公平、公正的！犯错的是别人！"

　　人类都有自我辩护的本能，认识到这一点很重要。也就是说，我们根本不用学习自我辩护、自私自利、自我欺骗的思维和行为，我们天生擅长此道。但这种自我欺骗机制在大脑里是怎样运行的呢？换言之，我们是如何让自己相信我们是对的，甚至当所有证据都证明我们错了的时候？一个有力的解释就是，我们的大脑天生能用完全合理的方式来表达不合理的想法。的确，这也许就是人类认识不到自己不理性的最重要的原因。

　　例如，女性面试官在同时面试完男性和女性求职者后，总是会录用那位女性求职者。这位面试官认为自己是不带任何偏见的、绝对公正的。当被问起为什么只雇用女性职员时，她往往会给出一些看起来很合逻辑的理由，比如这个应聘者经验丰富、技术更好等来支持自己的决定。在招聘中，她会认为自己是公平的、为公司选择适合岗位的优秀员工的面试官。或许她也会意识到自己只录用了女性，但她会为此辩解说："女性确实天生更适合这个岗位。"的确，唯一能让大脑感到自己的决定合理的方式，就是把自己的行为看作绝对客观理性的。这里的关键点是，在大脑看来，即使是带有偏见的思维也是冷静理智、客观公正、不偏不倚的。我们不会认为自己错了，相反总是认为自己是对的，在做着最合理的事情，即使我们已经大错特错了。

　　在逮捕罪犯的过程中，有些警察会过度使用暴力。警察认为罪犯是罪有应得的，这样对待他们也是为了带走他们，避免他们伤及无辜。如果警察能够意识到自己的偏见和自己正在滥用手上的权力，那么他们在面对无法反抗的罪犯时就不会做出类似的行为了。但这些警察可能认为自己是职业的，代表着正义，即使在别人看来他们是暴力的，他们自己也不会这么认为，这就是典型的自我欺骗。

人类本性如此！我们多多少少都心存偏见。我们都有刻板印象，会自欺欺人。我们以为自己掌握了真理，但实际上却都是人类自我中心的牺牲品，只是程度不同罢了。没有人是完美的思考者，但我们能努力做到更好。

要想成为一名思考者，你需要每天将自己思维中的潜意识带入意识层面，你需要发现自己思维中的问题，并直面它们。只有这样，你的思维能力和生活水平才能有显著的提高。人类具有能够超越自己固有的自我中心思维模式的潜能，你可以用你的头脑来进行自我教育，用新的思想观念来改变旧的思想观念。你可以重新"定义"和"改造"你自己。我们希望你阅读和接受本书中的观点时，能够激发你的这一部分潜能。

不要被糟糕的思维模式俘虏

提高思维能力的方法之一就是学会列举反面案例，这样你就明确知道你需要避免什么。换句话说就是，知道了哪些是糟糕的思维习惯，你就会越来越清楚该如何摆脱它们。

现在，让我们用一组案例来说明这个方法，任何理性的人都不会认可这些案例。列举这些非正常的甚至是有点病态的思维方式，我们可以明显地看出，我们很容易就被这些思维方式俘虏，却浑然不觉。

请考虑以下这些情况，并问问自己这些非正常的思维方式有哪些你也有过。

- **只跟和自己想法相似的人相处**，这样就没有人会批评你。
- **从不质疑自己的人际关系**，这样就不用处理人际关系中存在的问题了。
- **遭到朋友或爱人批评时，会感到悲伤和难过**，还会说："我还以为我们是朋友呢！我还以为你爱我呢！"
- **总能为自己的不理智行为找到借口**，这样就不用负责任了。如果找不到借口，就会面露难色地说："我控制不了我自己！"

- **只关注生活中的消极面，**这样就可以把自己的痛苦归咎于他人。

- **总是将自己的错误归罪他人，**这样就不必为自己的错误承担责任，也不必采取任何补救措施了。

- **一旦被人批评，立马反击，**这样就不必费心再去听别人说下去了。

- **盲目服从团队的决定，**这样自己就不必去考虑任何事情了。

- **得不到自己想要的就会闹情绪，**如果有人问，就会生气地说："我只是有点情绪化而已，至少我没有压抑自己的情绪！"

- **专注于得到自己想要的东西，**如果有人问，就会说："如果我不为自己着想，那么谁会为我着想呢？"

　　如果上述案例中的各种非正常的思维方式没有在你的生活中造成各种问题，那就请你一笑置之。实际上，它们确实而且经常会导致各种问题。只有当你真正面对不正常甚至病态的思维方式表现出的荒谬性，并能在生活和工作中亲眼看到这一点时，你才有机会改变它。本书中提出的方法与策略都是基于你有意愿这么做。

认真审视自己的思维方式

本书旨在帮助你开始进行批判性思考，思考自己的哪些思维方式可能正在为你和他人带来麻烦，弄明白为什么思维会带来问题。当你阅读本书中的理念，并将简单的理念运用得很好时，你的思维习惯就会得到改善，你会更了解自己的思维方式。此时，你可以评估自己的思维方式，然后尝试改善它。

你要像侦探一样探查自己的思维活动，弄清楚自己的大脑中到底发生了什么。一旦你梳理出支配自己思维的一些模式，你就能把自己的思维提升一个层次。你可以改进这些模式，并增强自己的优势；你可以决定保留什么、舍弃什么；你可以思考自己的哪些信念是合理的，哪些是没有意义的，哪些会带来问题，哪些会带来财富，哪些会束缚或限制你，哪些又让你获得了自由和解放。

没有心智上的付出，就无法成为思考者

对于锻炼身体，大多数人都知道"一分耕耘，一分收获"。但在从事脑力工作时，人们往往心里稍有不适就会选择放弃。如果你不愿意在心智上有所付出，就不会成为一名思考者。心智水平和身体一样，如果不施加适当的压力，就不会有所提升。不管你喜不喜欢，不可否认的事实是：没有心智上的付出，就没有心智上的回报。

因此，当你阅读本书时，会产生心理压力，也会产生不舒服和痛苦的感觉。当这些情绪出现时，要勇于面对和克服。你要明白人类需要学习的最重要的理念通常是大脑最难理解和接受的一些内容（就像我们天生习惯于以自我为中心这个事实）。大脑天生抗拒改变，尤其是当这个变化会强迫大脑从不利于自己的角度来看待自己时。因此，当你开始吸收书中理念时，即使感到沮丧、不适或气馁，也一定要坚持下去。你要庆幸自己正在成长，而不是像大多数人一样停滞不前。你还要明白，从长远来看，你得到的回报是你的生活质量提高了。如果你想要大脑变得灵活而强大，就必须强化和锻炼自己的大脑。如果你想要大脑的工作更有效，那就需要让它在生活的各个方面都起作用。

思考应该成为日常生活的核心

我们认为，在人类社会中，人们普遍忽视了规范化地思考自己的思维方式，而它恰恰应该成为我们日常生活的核心。当我们意识到思维中存在着很多问题，并且想要清晰锁定这些问题时，我们就能对思想进行干预。不过，我们需要借助工具来做到这一点。这些工具来自对心理深入细致的研究，而不是简单肤浅的理解。例如，我们需要一种理念来帮助我们处理自己与生俱来的自私和自我验证的倾向；我们需要一种富有批判性思想的理念来帮助我们克服盲目寻求他人认同的内在冲动；我们需要一种理念来帮助我们更加理性地生活；我们也需要一种理念来帮助我们始终遵守理性的思维标准，如清晰性、准确性、相关性、深度、广度、逻辑性和公正性；我们需要一种批判性思维理念来帮助自己将思维拆分开，并检验每个部分的质量；我们需要一种方法来指导我们建立公正的、具有批判精神的社会。

在这一部分，我们将简要介绍批判性思维的相关概念，这也是我们过去 30 年工作的主要成果。为了更直观地表现批判性思维中的理念，我们主要以图文的形式来呈现。下篇中每一天的计划都与这些概念密切相关。一些与思维分析有关，一些与思维评估有关，一些与思维特质的发展有关，还有一些关注的是批判性思维的障碍（或非正常的人类思维），可粗略分为自我中心思维和社会中心思维这两大类。其余的则与批判性思维的意义和环境背景方面的内容相关。

学习批判性思维没有完美的方法和明确的顺序，但是只要掌握任何一个批判性思维的重要概念，就能深刻改变你的生活方式。例如，理性的共情可以让人们学习从他人的角度去思考问题，为了理解他人的观点会去体会他人的想法和感受。如果每个人都能认真地看待这一点，那人类遭受的痛苦和折磨都将大大减少。例如，如果人们能自然地想象到被自己控制、支配、压迫、操纵和虐待的人会有怎样的感受，那就很容易体会到他人的痛苦。这意味着人们会更加重视和平共处和彼此尊重，我们的社会也将更公正，更具有批判精神。当然，这样解释概念有些过于简单，因为批判性思维中的所有概念都是相互关联的。对任何一个批判性思维概念的深入和变革性理解都有助于对其他批判性思维概念的理解。例如，要培养理性的共情，就必须培养理性的谦逊，即敢于表露出自己的无知，清楚自己知道什么、不知道什么。如果面对不同观点，我们分不清自己知道什么和不知道什么（理性的谦逊），那我们就不能有效地对这些观点进行思考（理性的共情）。

    总之，我们最终要理解批判性思维的概念和原则是彼此相关联的。因此，本书上篇的内容就是为了帮读者看到所有批判性思维概念之间的一些重要联系。这样一来，越来越多的人都会接受内涵丰富的、有意义的、完整的批判性思维概念（尽管这还远远不够）。欢迎你也加入批判性思维学习之列。

学习批判性思维

我们的问题

人类天生会思考，但如果放任自流，大多数人的思考可能是固执、扭曲、片面、无知和充满偏见的。然而，我们的生活质量，以及生产和制造的东西的质量，恰恰都依赖于我们思维的质量。糟糕的思维不仅让我们在金钱方面破费，而且还会降低我们的生活质量，而卓越的思维必须通过系统的训练来培养。

批判性思维的定义

从内涵的丰富性上来看，批判性思维是一种自我指导性的规范化思维模式，它尝试用公正的方式来进行最高质量的推理。善于运用批判性思维的人总是试图过上一种理性、合理和有同理心的生活。他们能强烈地意识到自己思维中与生俱来的缺陷，并努力克服自己的自我中心思维和社会中心思维倾向。他们会使用批判性思维的概念、原则和工具来帮助分析、评估和提高自己的思维水平。他们知道无论自己当前的思维水平如何，仍会偶尔在思维推理上犯错，比如抱有不合理的信念、以偏概全、歪曲事实、对社会规则与禁忌一味服从、自私自利等。他们会避免对复杂问题进行简单化思考，并努力准确地考虑其他人的相关权益和需要。他们实践着苏格拉底的原则：未经审视的生活不值得过。他们关心的是如何改善自己的思维，以及如何培养公正的、具有批判精神的社会。

成熟的批判性思考者是什么样的

- 能提出关键性的问题，并能够清晰、准确地呈现这些问题；
- 能收集、评估信息，并能使用抽象的概念来有效地对信息进行阐释；
- 能得出合理的结论和解决方案，并可以用相关的标准来检验；
- 能在多种不同的思维体系中进行开放性思考，能区分和评估不同的假设、意义和结果；
- 能跟他人进行有效的沟通，以解决更复杂的问题。

简单地说，批判性思维是一种自我指导、自我规范、自我监督和自我修正的思维，它有严格的高标准，需要谨慎使用（见图1–1）。批判性思考者还需要具备有效沟通和问题解决能力，并能够战胜自己天性中的自我中心思维和社会中心思维倾向。

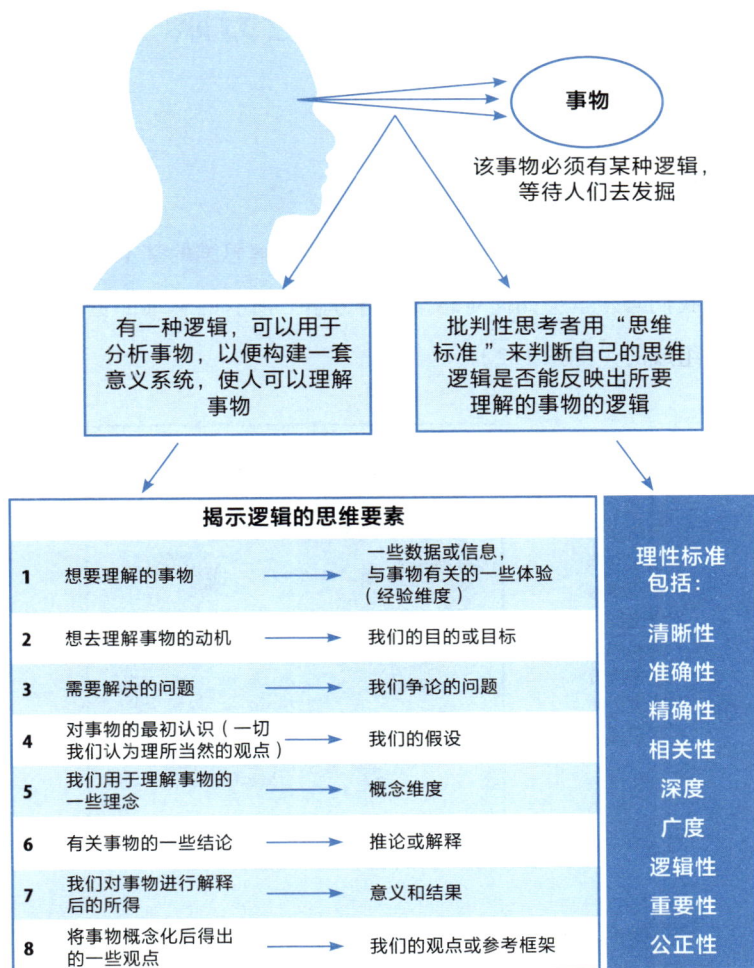

图 1-1　思维的过程

学会对思维进行分解

如果我们想要更好地思考，就必须理解思维的基本知识和结构。我们必须学会如何对思维进行分解。所有的思维都是由 8 个要素组成的（见图 1-2）。

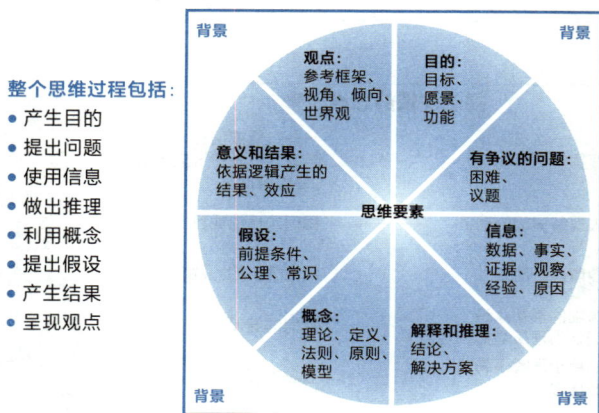

图 1-2　思维要素与思维过程

无论何时进行思考，我们都是为了达到某一目的基于某个假设以某种观点来进行思考，并最终得到某些结果和意义。为了回答各种问题和解决各种争议，我们要用不同的概念、观点和理论来解释数据、事实和经验。

　　这个结构中的每个部分都会对其他部分产生影响。如果你的目的改变了，那你的问题也会改变；如果问题改变了，那你就需要搜集新的信息和数据；如果搜集了新的数据和信息，那其余的部分也需要做出调整（见图1–3）。

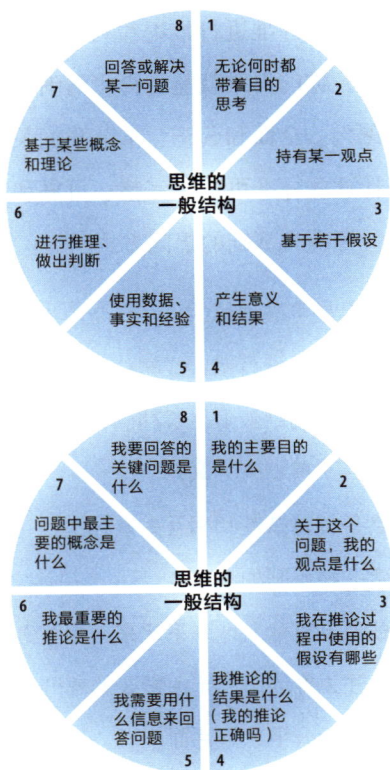

8 回答或解决某一问题
1 无论何时都带着目的思考
7 基于某些概念和理论
2 持有某一观点
思维的一般结构
6 进行推理、做出判断
3 基于若干假设
5 使用数据、事实和经验
4 产生意义和结果

8 我要回答的关键问题是什么
1 我的主要目的是什么
7 问题中最主要的概念是什么
2 关于这个问题，我的观点是什么
思维的一般结构
6 我最重要的推论是什么
3 我在推论过程中使用的假设有哪些
5 我需要用什么信息来回答问题
4 我推论的结果是什么（我的推论正确吗）

图1–3　思维的一般结构

使用合理的标准评估你的思维

　　理性的人依照理性标准进行推论和判断。当你接受这些标准并正确使用它们时，你的思维就能变得更清晰、更准确、更有相关性，也能更加深刻、全面和公正。本节我们关注的是各个理性标准的选择，好让这些标准可信、完整、可靠和实用。下页我们列出了一些以这些标准为基础的提问方式。

- 清晰性：意思是可被理解的；
- 准确性：真实的，没有错误或扭曲；
- 精确性：有必要的细节上足够精确；
- 相关性：跟当下事物有关联；
- 深度：包含各种复杂性和相互关系；
- 广度：包含各种不同的观点；
- 逻辑性：各部分有意义地联系起来，相互之间没有矛盾；
- 重要性：关注关键的而非无关紧要的部分；
- 公正性：公正、公平、不片面。

| 清晰性 | 你能进一步解释一下吗？
你能给我举一个例子吗？
你能解释一下你说的是什么意思吗？ |

| 准确性 | 我们该如何检验？
我们该如何弄清楚那是不是真的？
我们该如何确认或验证？ |

| 精确性 | 你能再说得具体些吗？
你能给我提供更多的细节吗？
你能再说得准确些吗？ |

| 相关性 | 这和问题有什么关联？
这和你的提问有什么关系？
这可以帮助我们解决问题吗？ |

| 深度 | 这个问题是由什么因素造成的？
这个问题的复杂性在哪里？
我们要解决的难点是什么？ |

| 广度 | 我们要换一个角度来看待问题吗？
我们要考虑别的观点吗？
我们要换个方式看待问题吗？ |

| 逻辑性 | 所有这些综合起来符合逻辑吗？
你的开头和结尾相符吗？
你的结论是根据证据得出的吗？ |

| 重要性 | 这是要考虑的最主要的问题吗？
这是要关注的核心点吗？
哪个因素更重要？ |

| 公正性 | 我在这个问题上有既得利益吗？
我是否能真正代表他人的观点？ |

将理性标准系统运用于推理要素，培养理性特质

我们可以在推论过程中系统地运用理性标准来培养理性特质（见图 1–4）。

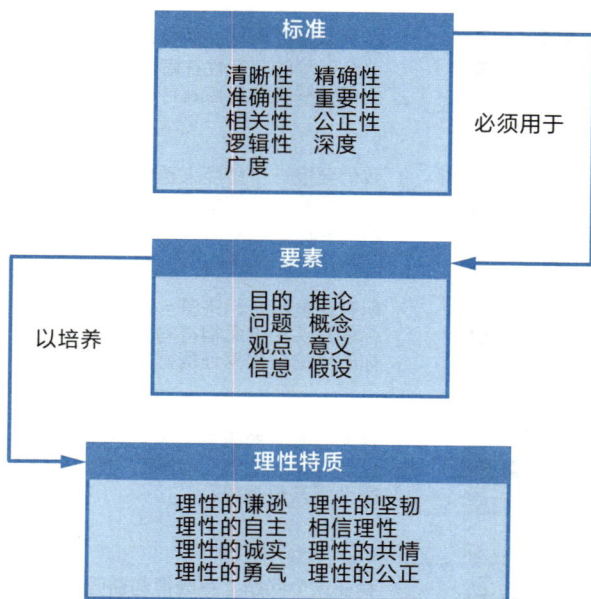

图 1–4　理性标准系统运用于推理要素以培养理性特质

我们可以用图 1–5 来展现理性特质。

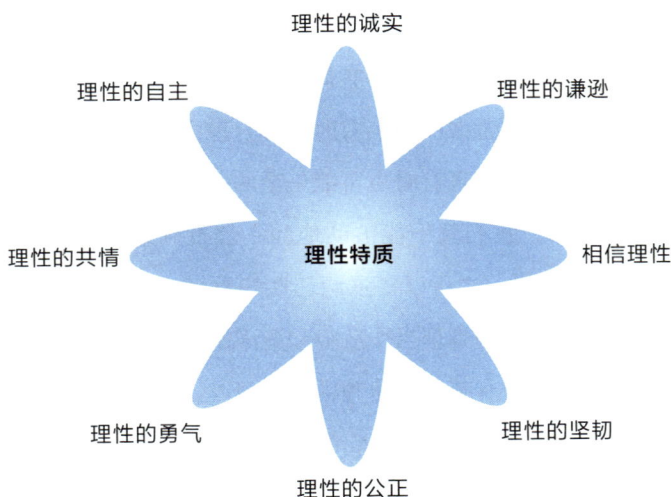

图 1–5　理性特质

理性的谦逊 vs 傲慢

批判性思考者能认识到自身知识的局限，包括意识到人们的自我中心倾向，很可能在某些场景下会做出自我欺骗的行为；也包括意识到人们观念中普遍存在的偏见、傲慢和局限。理性的谦逊指的是人们不要随便说自己根本不知道的事情，这不意味着懦弱或一味顺从，而是不自命不凡、不自吹自擂、不自负的表现，由此可以洞察个人的信念是否有逻辑基础。

理性的勇气 vs 懦弱

批判性思考者能意识到自己需要去面对不喜欢和不想听取的想法、观点，并能公平地看待它们。这样的勇气来自他们能意识到很多看似危险或荒谬的观点有时也有合理之处，而人们已经被灌输的很多观念和道理有时也可能是错的。要想靠自己来判断到底哪些是真的，我们就不能被动地和不加批判地"接受"自己"已学过的"东西。之所以要强调理性的勇气，是因为有时我们会不可避免地将一些真理当作危险和荒谬的想法，而我们所在的社会团体也可能持有某些歪曲和错误的观点。在这种环境下，我们更需要有勇气去面对自己真实的想法，即使离经叛道会受到严厉的惩罚。

理性的共情 vs 狭隘

批判性思考者能意识到自己需要站在他人的立场去思考才能真正理解他人。这要求我们意识到自己的自我中心倾向，即我们会倾向于认定符合我们思维和理念的直觉为真理。这种理性特质与准确地重建他人观点和逻辑的能力相联系，并运用他人的，而非自己的前提、假设和观点进行推论。同时这种特质还与人们愿意记住自己曾经犯过的错误相关，尽管人们强烈相信自己是正确的，并能推想出自己未来仍有可能重蹈覆辙。

理性的自主 vs 从众

批判性思考者能理性地控制自己的信念、价值观和推论。理想的批判性思维就是要学会独立思考，完全掌控自己的思维过程；能承诺基于推理和证据来分析和评估信念，在该质疑的时候质疑，在该相信的时候相信，在该遵从的时候遵从。

理性的诚实 vs 虚伪

批判性思考者能意识到他们需要对自己的想法保持诚实的态度；能在行动时一直坚持理性的标准；注重证据，能用同样的高标准来要求自己和对手；要求别人做到的，自己也能做到；能坦然地承认自己和他人在想法和行为上的不同。

理性的坚韧 vs 懒惰

批判性思考者能意识到他们需要坚持运用理性的观点和真理，即使会遇到困难和挫折；能坚定地遵循理性的原则，即使会受到他人非理性的反对；知道需要跟令自己困惑已久和悬而未决的问题进行长期斗争，以更深刻地理解和认识问题。

相信理性 vs 不相信理性和证据

批判性思考者相信从长远来看，让理性发挥最大的作用，鼓励人们通过培养理性能力来得出自己的结论，将最有利于个人和全人类的最高利益。尽管我们知道人类思想和人类社会中都存在着根深蒂固的缺陷，但我们仍相信在适当的鼓励和培养下，人们能够学会独立思考，形成理性观点，得出合理结论，并且可以进行逻辑连贯的思考，以理服人，成为理性的人。

理性的公正 vs 不公

批判性思考者能意识到自己需要一视同仁地对待所有的观点，而不只是考虑自己或朋友的感受，或是自己所在社区、所属社会团体的实际利益等；要始终遵循理性的标准，而不是处处考虑个人和所在团体的利益。

理解思维的三大功能

人类的思维有三大基本功能（见图 1–6）。

图 1–6 人类思维的三大基本功能

思考是人类思维中用来理解事物的那部分功能。思考可以为生活赋予意义，可以创造出各种观点来定义不同的情况、关系和问题。思考会不断地告诉我们：这是什么、正在发生什么、应该注意什么。

感受来自思考，可以用来评价生活中的事件是好是坏。我们的感受总是告诉我们："这就是我对生活中发生的事情的感受，我做得很好。"或是告诉我们："事情对我来说不太顺利。"

我们的**需求**负责为我们的行动提供动力，与我们的期待和目标保持一致。我们的需求总是告诉我们："这值得拥有，努力争取吧！"或是反过来说："这不值得，还是别费劲了。"

注意，当我们说感受时，不包括由不正常的生理变化，如大脑的化学物质问题引起的情绪反应。如果情绪是由大脑中的化学物质失调引起的，那个体几乎很难控制，可能需要借助医学的帮助。这里所讲的感受也不是指人们身体上的感觉，尽管感受经常会伴有身体上的感觉。例如，"冷"的感觉可能会让你感到烦躁，而意识到自己出现烦躁感可能会促使你做些什么，如穿上一件外套。最后，尽管"感受"和"情绪"这两个词在不同的情况下可能被用来表示不同的现象，但是这两个概念在本书里基本是可以互换的（见图1–7）。

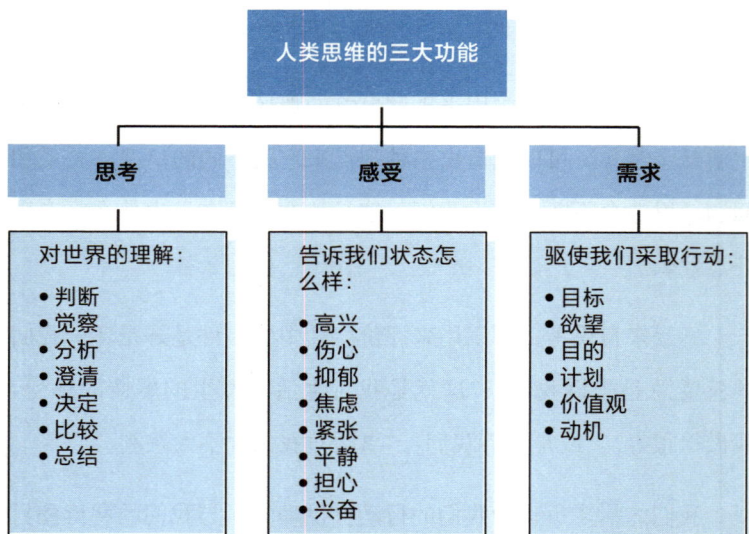

图 1–7　人类思维的三大功能

核心观点：我们的思维总是会不断地向我们传达三件事。

1. 生活中正在发生什么；

2. 我们对事件的感受是什么（积极的或消极的）；

3. 我们要追求什么，要把精力投放在哪里。

思考是感受和需求产生的关键

尽管思考、感受和需求三者在大脑中都扮演着非常重要的角色，不断地相互影响，但是思考对感受和需求起着关键的统摄作用。要改变感受，就要改变产生感受的思考模式；要改变需求，也要改变需求背后的思考逻辑（见图 1–8）。

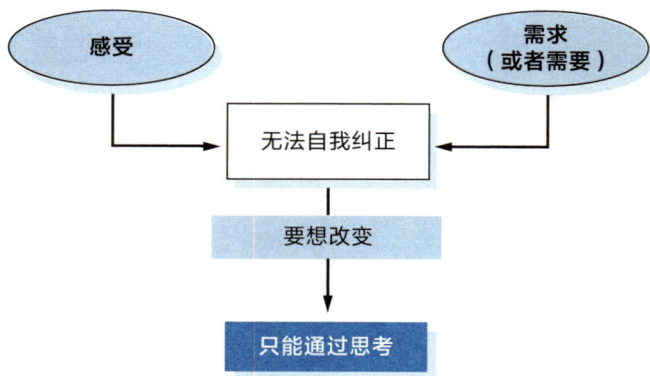

图 1–8　思考、感受与需求的关系

比如我因为孩子的不当行为而感到生气，我无法轻易地将感受从生气切换成满意。要想让愤怒的情绪变为积极的情绪，我就必须改变对当前情景的看法。也许我该想想如何教孩子更有礼貌地行事，然后在新的认知下采取行动；我需要想想生活中有哪些因素可能会引起孩子的不良行为，然后努力消除这些因素的影响。换句话说，我需要通过改变自己的认知来调控我的情绪状态。

同样，如果不改变产生需求的思考，那我们的需求就不能被改变。例如，假设简和约翰二人是恋爱关系，但约翰单方面破坏了这种关系，而简仍想继续维持这段关系。假设她的需求来自她的认知（也许是无意识的），即她需要这段关系来保持情绪稳定，一旦离开了约翰，她将无法做到这一点。显然，这种认知是有问题的。因此，简必须改变自己的认知，只有这样她才能结束和约翰的关系。也就是说，除非她认为自己不再需要约翰，自己一个人也可以生活得很好，她不需要和一个不喜欢自己的人在一起，她才会离开约翰。简而言之，除非简的想法改变了，她的需求才会改变。她必须战胜那些打败她的不合理信念（见图 1–9 和图 1–10 ）。

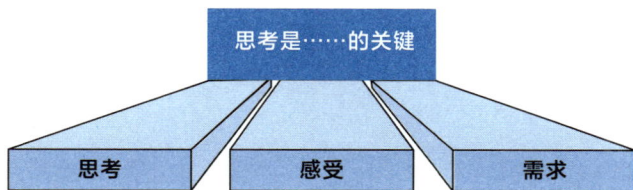

图 1–9　思考是感受和需求产生的关键

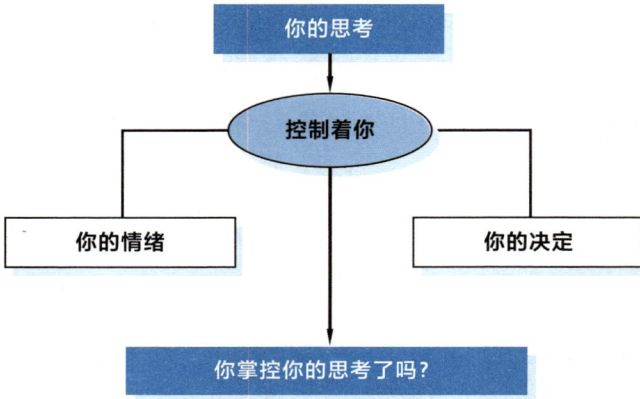

图 1–10　你与思考的关系

区分理性思维与自我中心思维、社会中心思维的不同

我们要知道，区分理性思维与自我中心思维、社会中心思维的不同是非常重要的（见图 1–11）。

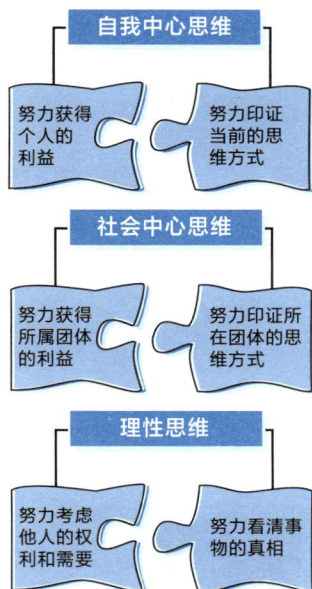

图 1–11　理性思维、社会中心思维和自我中心思维的不同

我们也必须知道，人类天生就有自我中心思维和社会中心思维，人类也拥有理性的思维能力（但很大一部分未被开发）。人类在生命的最初阶段基本都是以自我为中心的，随着时间的推移，婴幼儿的以自我为中心的思维模式里会逐渐融入以社会为中心的团体思维。于是，人类便自然拥有了这两种非理性思维。在不同的情景和环境下，我们的自我中心思维或社会中心思维的程度会有很大的变化。自我中心思维和社会中心思维倾向是自然而然就会出现的，但是理性思维能力却需要大力培养。只有培养出理性思维能力，我们才可能战胜自己的非理性思维，构建具有批判精神的社会（见图 1-12）。

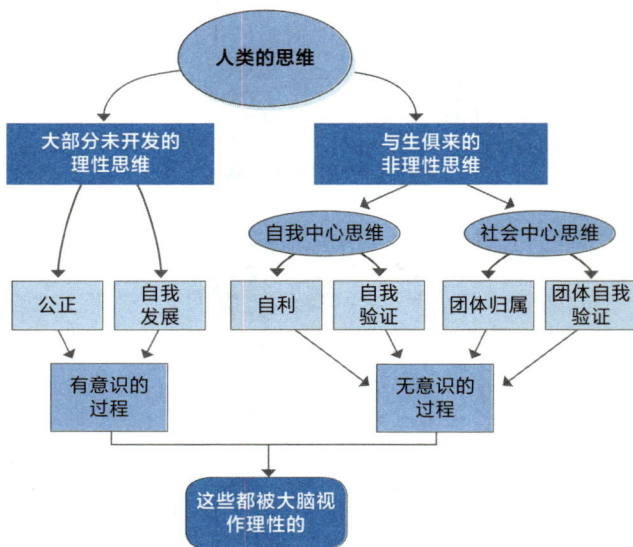

图 1-12 大部分未开发的理性思维与与生俱来的非理性思维

认识自我中心思维的问题

自我中心思维的出现源于一个让人难过的事实——人类天生不会去考虑他人的权利和需要。我们既不会自发地赞同他人的观点，也无法发现自己观点存在局限性。只有经过专门的训练，我们才能清楚地意识到自己的自我中心思维。我们无法自发地识别我们有自我中心思维、使用信息和解释数据时采用自我中心的方式、自我中心思维的概念和理念来源，以及自我中心的结果。也就是说，我们不会自然而然地认为自己是自私自利的。

人类在生活中总有一种不切实际的自信，那就是我们能理性、客观地对待事物，并从根本上掌握事物真实的运作规律。我们天然地相信自己的直观感受，尽管这种感受是不准确的。我们不是使用理性思维标准，而是采用自我中心的心理标准来决定自己相信什么、不相信什么。以下就是人类思维中最常见到的一些"心理标准"。

- **"它是真的，因为我相信它。"**

与生俱来的自我中心思维：我认为我相信的东西是真的，我从未质疑过自己许多观念产生的基础。

- **"它是真的，因为我们相信它。"**

与生俱来的社会中心思维：我认为自己所属团体信奉的观念是真实的，我从未质疑过这些观念产生的基础。

- **"它是真的，因为我想要相信它。"**

天生的自我满足倾向：我相信任何对我（或者所属团体）有积极意义的事。我相信的事情能让我感觉良好，不需要我改变很多已有的想法，也不需要我承认自己犯了什么错。

- **"它是真的，因为我以前总是相信它。"**

天生的自我确认倾向：我总是强烈地想要坚持我一直以来坚持的观点，尽管我没有严肃地考虑过这些观点在多大程度上是基于证据得出的。

- **"它是真的，因为这符合我的个人利益。"**

天生的自私本性：只要是能让我得到更多的权力、金钱或好处的事我都相信，即使它们并没有经过充分的逻辑论证或有充足的证据支持。

我们还要区分支配型和顺从型自我中心思维（见图 1–13）。

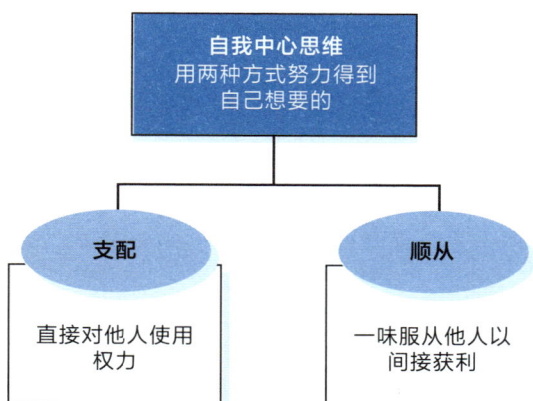

图 1-13　支配型和顺从型自我中心思维

　　两种使用和获得权力的非理性方式对应两种不同的自我中心策略：

- 支配他人（用直接的方式获得自己想要的东西）；
- 顺从他人（用间接的方式获得自己想要的东西）。

　　当进行以自我为中心的思考时，我们会努力直接（通过使用权力和控制他人的方式）或间接（顺从于那些能给自己带来好处的人的方式）地满足自我中心的欲望。简单来说，就是以自我为中心的行为要么恃强凌弱，要么卑躬屈膝，不是去操控那些比自己弱势的群体，就是听命于那些比自己强势的群体，或是以一种微妙的方式在二者之间摇摆不定。

认识社会中心思维的问题

大多数人都不了解自身所处文化和社会偏见对自己的影响有多深。社会学家和人类学家将这一状况称为"文化束缚"。这个现象就是由社会中心思维导致的，主要包括：

- 倾向于不加批判地将自己的文化、民族和宗教理念置于其他一切之上；

- 倾向于不加批判地选择对自身有利的进行正面描述，对持有不同观念的人们进行负面描述；

- 倾向于不加批判地接受团体的规则和信仰，认同团体的身份，并按照其他人期望的样子行动，完全没有意识到自己的所作所为可能会受到质疑；

- 倾向于盲目服从团体的要求（其中许多要求是未经过深思熟虑的或是强制性的）；

- 思维很难摆脱个人所处文化中的传统偏见；

- 不能学习和接受其他文化的观点来增加自己思维的深度和广度；

- 不能区分普适性的道德标准与不同文化的要求和禁忌；
- 不能意识到每种文化的大众传媒都是从各自文化观点的角度创造新闻的；
- 不能从历史和人类学的视角思考问题，因此禁锢于当下的思维模式；
- 意识不到社会中心思维会严重阻碍思维发展。

社会中心思维是非批判性社会的一大标志，只有用强有力的、跨文化的、公正的批判性思维方式取而代之，社会中心思维才能有所减弱。

图 1-14　批判性思维的实现路径

30 天思维提升计划

这本书共介绍了 30 种关于批判性思维的基本理念，构成了后文 30 天计划的基础。这些基本理念涵盖了我们认为人们需要掌握的一些重要理念，这些重要理念有助于人们掌控自己的思维和生活。我们选择 30 天并没有什么特殊的含义，毕竟我们总会有其他新的和重要的理念需要去学习。这些被吸收和运用的理念能帮助我们更好地思考和生活。你会发现思维的发展是一个动态的持续过程。

我们将这些理念以 30 天计划的形式来呈现。你可以总览整体计划，对计划有一个初步的感觉，并开始体会能够提升思维水平的力量。当你浏览 30 天计划时，你会发现你很难在一天之内内化所有的内容。不过，你可以试着将重要的、有用的理念带入自己的思考，并开始使用它们，使它们成为提升你心智的引擎。

第 1 天，你只重点关注第 1 个理念；第 2 天，在第 1 天的基础上，你要关注第 2 个理念；第 3 天，在第 1 天、第 2 天的基础之上，你要关注第 3 个理念……你的思维地图会变得越来越完整。每一天，你都会为你的思维增添新的、有力的理念。在你阅读时，你始终有一个关注点。但你的关注点只有通过其他强大理念背后的逻辑和与它们的交互才能变得丰富。

随着一天天过去，你应该试着将前期学的理念与新的理念相结合。整合所有强大理念是取得成功的关键。在很大程度上，能否长期获得成功取决于你在完成 30 天计划后如何继续下去。你是否能坚持使用这些理念，还是很快就把它们抛诸脑后了？你是否会追寻与这些理念相关的其他重要理念？你是否回到了自己阅读这本书之前的样子？你还会继续进行下去吗？如果你想成为一名自由、独立的思考者，那么你必须问自己这样的问题，并再三对这些理念进行回顾。

使用本部分结尾的"每日行动计划"和"每日进度记录"来计划和评估你每天的进步。

30 周拓展训练

完成 30 天计划后的下一步是将其扩展成 30 周计划，每周而非每天专注于一个理念。在这个进阶阶段，随着一周接一周的学习，你会发现新学习的每个理念通过与以往理念的新的交互而变得更强大了。你将看到这些理念彼此间的联系。每当你认真对待这些理念，并开始让它们在自己的思考中起作用时，你会发现每一个重要的理念都与其他重要的理念存在着千丝万缕的联系。强大理念的强大力量正是来源于它们彼此之间的重要联系。

因此，我们建议先用 30 天"冲刺"计划来梳理这些不同的理念，紧接着是 30 周的"长跑"计划，以加深和进一步加强各个理念间的联系，然后将它们永久地内化。

30 周计划可以帮你培养良好的思考习惯，因为新理念会融入前几周学习的理念中，并与其他理念建立联系。例如，跟随 30 周计划，你会：

- 第 1 周，专注于发现自己无知的程度；
- 第 2 周，小心虚伪——在你自己和他人身上寻找它（虽然这是第 2 个理念，但你仍然应该寻找机会继续发现自己的无知）；
- 第 3 周，无论何时，以何种方式，把重点放在与他人共情上（同时也要发现自己的无知和虚伪）。

当你内化了刚才讲的前三个理念时，你会意识到很多无休止的问题恰恰是因为人们常常无法共情，不能区分自己知道的和不知道的（通常假装自己知道），也不能在自己和他人身上发现虚伪。此外，你应该意识到当我们不再持傲慢的态度，不再坚持认为自己认为是对的就永远是对的，能更多地意识到自己在认知方面的虚伪，以及我们总是对他人比对自己要求更高的时候，我们才更容易与他人共情。

随着时间推移，每周你都会学习一个新的重要理念，就把它和已学的理念联系起来。

你应该定期回顾所有你已经学过的理念，并确定你是否需要重新思考它们。你越频繁地思考这些重要而有力的理念，它们就越能深入你的思想，你就越可能在生活中使用它们。

最重要的是，在你实施周计划的时候，每周你都要有一个特定的关注点，并保证关注的过程能持续足够长的时间。你还可以自由地在这些理念中进行切换，而不用按照特定的顺序进行。

你的收获

当你按照书中推荐的方法来实施 30 天计划，并每天实践它们的时候，你一定会有收获。你会发现：

- 你能更好地阐述你的思想和理解其他人；
- 你能更好地发现问题、解决问题；
- 你追求更加理性的目标，并能更好地实现目标；
- 你更善于提出高质量的问题；
- 你不再那么自私；
- 你能更好地控制自己的情绪；
- 你能更好地控制自己的需求和行为；

- 你能更好地理解他人的观点；

- 你更加通情达理；

- 你降低了自己的控制欲；

- 你不再那么容易顺从他人，那么容易被吓到；

- 你不再为自己无能为力的事情而担心；

- 你不太可能对他人进行非理性的指责；

- 你会在行动前考虑清楚后果；

- 你更愿意承认自己的错误，并试图纠正自己的错误信念；

- 你努力成为一个正直的人，保持言行一致、理性的自我形象，并乐于与这样的人相处；

- 你开始质疑社会传统和禁忌；

- 你开始质疑自己读到、听到和看到的新闻；

- 你不会轻易被能言善辩、想要牟取私利的政客们操纵；

- 你会更注意自己说话的方式，以及自己对现实的理解是如何受自己所用词语影响的；

- 你能识别自己的推理和结论产生的前提假设（所以也可以检查自己假设的合理性）；

- 你意识到所有人都认为自己是批判性思考者（因而没有自我提升的需要），这也是影响社会成为有批判精神的社会的最大阻碍；

- 你不太会用不得体的语言来进行表达；

- 你更关心世界上所有人的权利和需求，而不仅仅是自己国家

的既得利益;

- 你更容易意识到社交媒体对自己生活的影响;
- 你会致力于建成一个更加公平的世界;
- 你受到了更好的教育,阅读了更多的书籍来优化自己的历史观和世界观;
- 你知道心智成长是一个长期的过程,并制订了持续提升的计划;
- 你知道批判性思维的发展会是一个持续的过程,所以你会相应地绘制自己的思维发展途径。

内化每个理念的技巧

当你制订你的每日或每周计划时,可以考虑使用以下一种或多种方法。

- 每天晚上,复习学习到的理念,并将理念融入自己的思维(说出它们),这样就可以把它们内化。重新阅读这些理念,直到你能和自己就这些理念进行对话。
- 向其他人讲解你需要内化的理念(理想的情况是,你能找到一个人和你一起运用这些理念)。
- 找到最佳场合来实践这些理念。想想在哪里你可以马上很好地使用它们? 是在工作时,还是和你的伴侣、孩子们在一起的时候呢？

- 在实际情况发生之前考虑可能的对话。例如，假如你正在内化有关阐述的策略（第 6 天：阐明你的想法），并且计划在第二天开会，那么你可以提前准备一些有关于阐明想法的问题，比如，"你能用别的方式来说明那个观点吗？""你能给我举个例子吗？"或"你能画个图来表明那个观点吗？"
- 想办法把当天学习到的关键点记住。也许你可以把关键词（如"阐明"）粘贴在冰箱上、桌面上，或任何其他你经常会看到的地方，这将有助于你把思维集中在当天学习的关键点上。

制订计划、记录进步

在这一部分的最后，我们添加了每日、每周的行动计划页和进步记录页。你可以复印一些，以备每天或每周使用，或者在你的笔记本按同样的格式自己制作。你在传达（向别人解释、以书面形式总结，以及在与他人的沟通和互动中明确地使用）这些理念上花的时间越多，你就越能更好地内化这些理念，也能更容易、更有效地使用它们，让它们成为一种自然而然发生的行为。

你需要注意的事项

当你阅读这本书的时候，你要意识到书中所讲的每天的理念都是用简化形式表达的复杂概念。要记住，我们的目标是让你开始走上批判性思维的道路。因此，我们省略了本想涵盖的限定条件和注解。此外，在精简这些理念并从日常生活中寻找例子的过程中，我们可能在无意中简化了其中一些内容。你可能偶尔会不同意我们举的例子，如果是这样，就保证自己不要从更大的目标轨道上偏离——让自己成为一名思考者。竭尽所能完成大目标，其他可以先放一放。

如果我们的 30 个理念中有一个对你来说没有意义，请务必先跳过它，也许以后可以再返回来看。你要给自己成长的时间，将那些能应用于实践的理念使用起来就好。在本书最后的推荐阅读书目中，我们对有关理念做出了进一步说明。我们希望这些理念可以激发你去探索更多的理念，促使你把批判性思维当作自己生活中的一种指导力量。

行动之前须知

在你开始积极实践书中的理念之前，先仔细体味"思维质量决定生活质量"这一观点，并定期回顾它。

假如你认为人类通常都会形成偏见，那就从你有偏见这个前提开始阅读吧；假如人类经常会自我欺骗，那就假设你也是一样的。作为一名思考者，如果你坚持认为自己是个例外，那你就无法取得进步。事实上，感觉自己是个例外这一点并不特别，反而非常正常。而了不起的是，你能意识到自己不是例外——你和其他人一样，是会自我欺骗、以自我为中心的人。

每日行动计划

我今天关注的关键理念是：

_____

_____

_____

_____

_____

实践这一理念的最佳场合是：

_____

_____

_____

_____

_____

我计划用以下方法（策略）来实践这个理念：

_____

_____

_____

_____

_____

_____

每日进步记录

每天结束前需要完成记录。

今天，我成功地使用了以下的理念和策略：

_____

_____

_____

当我尝试掌握以下理念时，我的想法是：

_____

_____

_____

我认为自己在思维方式上需要改进的问题是：

_____

_____

_____

我计划用以下这些策略来继续改进自己思维方式上的问题：

_____

_____

_____

今天学习的理念与书中其他理念有哪些重要的联系：

_____

_____

_____

每周行动计划

我本周关注的关键理念是：

_____

_____

_____

_____

_____

实践这一理念的最佳场合是：

_____

_____

_____

_____

_____

我计划用以下方法（策略）来实践这个理念：

_____

_____

_____

_____

_____

_____

每周进步记录

每周结束前需要完成记录。

本周，我成功地使用了以下理念和策略：

_____

_____

_____

当我尝试掌握以下理念时，我的想法是：

_____

_____

_____

我认为自己在思维方式上需要改进的问题是：

_____

_____

_____

我计划用以下这些策略来继续改进自己思维方式上的问题：

_____

_____

_____

本周学习的理念与书中其他理念有哪些重要的联系：

_____

_____

_____

30 Days

to better

Thinking and

下篇

Better Living

批判性思维的 30 天养成计划

Through

Critical

Thinking

发现自己的无知

我们大多数人都会假设自己相信的就是正确的。因为在我们能够批判性地分析自己的想法之前，就已经被教导要去相信很多东西。尽管如此，我们还是把自己相信的一切当作真理来捍卫。而优秀的思考者认为这本身就是荒谬的。

当你愿意主动发现自己的无知时，你会意识到自己之前经常是错误百出的。如果你寻找机会来验证自己的

> 愿意接受不知道的知识是知识和智慧增长的绝对保证。
>
> 布莱尔（Blair）

观点正确与否，你还会意识到人们的很多信念是基于自己的偏见、半信半疑的猜测，甚至是迷信。你需要经常质疑自己的观点，这样你的观点就很难控制你，而是你在控制着它们。这样，你就培养出了理性的谦逊——能意识到自己无知的程度。

"理性的谦逊"指的是一种在任何时候、任何情况下，都能清楚地区分自己知道什么和不知道什么的能力。拥有理性的谦逊的人能意识到：大脑会本能地认为自己知道很多，而实际上知之

甚少；而且大脑认为自己的观点就是正确的，即使证据表明并不是这样。拥有这一理性特质的人还会在各种不同的观点中进行选择，以确保自己能准确地理解这些不同的认知。他们会认真地考虑，而不是一味地排斥其他观点。

古希腊哲学家苏格拉底就是拥有理性的谦逊思维特质的典范。

苏格拉底与一个人进行了一场有关哲学问题的讨论。这个人自以为知道什么是正义、什么是勇气这类哲学问题的答案。但是在苏格拉底的各种追问下，他发现自己明显不知道答案，却通过或接受或拒绝苏格拉底不断提出的反问式的建议，意识到了自己知识上的漏洞，并决定尽可能继续找寻答案。

苏格拉底能深刻意识到自己在思想、言语、行为方面的不一致，也可以敏锐地在其他人身上发现类似的不一致。他总是小心翼翼地将自己置于无知的立场上，并邀请其他人也和自己一样，以便证明他和这些同伴所坚持的事情是正确的。

拥有高水平理性的谦逊的人（尽管很少见），能够理解他们不知道的远比他们知道的要多得多。他们不断地追求更多的知识，以提升自己的思维能力，拓展自己的知识基础，因为他们总是能意识到自己知识的局限性。

- 值得注意的地方 -

　　理性的傲慢是指人们倾向于确信那些自己实际不知道的东西是真理。试着发现你的信息来源存在的局限性和偏见；质疑权威人士所说的话；质疑他们在辩论中使用的信息，以及被他们忽略和扭曲的信息；质疑你在媒体上读到和看到的信息；要留意那种认为"新闻"就是真实可靠的想法；要质疑新闻的来源。无论何时你想要做出大胆的陈述，都要停下来问问自己你对你所说的内容到底了解多少。

发展理性的谦逊的策略

- 当你找不到足够的证据来证明自己的信念正确时，你可以说："我说的也许是错的，但我想的是……""到目前为止，我认为……""以我在这方面的有限知识，我想说……"

- 当你在没有证据可以证明的情况下为某些信念辩护时，就要留心了，想想你为什么这么做。

- 主动质疑那些在你看来明显是正确的信念，尤其是那些根深蒂固的信念。

- 找一些不同的信息渠道来支持你从未考虑过的一些观点。

- 不要害怕探索新的观念，要对新观念抱有开放的态度。

- 你可以列出一个清单，写出关于你的某个熟人的所有你可以确定的事情；然后列出第二个清单，写出与这个人有关的你认为是真实的但又不确定的事情；之后再列一个清单，写下关于这个人的哪些事是你不知道的。如果你信任此人，就向他展示你的清单，让他来检验你的信息的准确性。在获得反馈后，你能从这些清单中得到什么样的启发？

你可以问哪些问题来发现自己思维中的弱点

- （关于我自己、某个情况、他人、我的国家、世界上正在发生的事）哪些是我真正知道的？
- 我的偏见到底在多大程度上影响了我的思维？
- 我到底被灌输了多少可能是错误的观念？
- 我不加批判地接受的观念是如何妨碍我看清事物的本质的？
- 我是否曾经跳出过条条框框进行思考？
- 我对其他观念体系的了解有多少？
- 我的观念是如何被我出生的时代或年代、我成长的地方、我的父母和配偶的观念，以及我所处的文化氛围塑造的？

努力做一个诚实的人，
发现自己的虚伪

人们的虚伪至少表现在三个方面：其一，他们对与自己意见相左的人的要求标准往往高于对自己或朋友的要求标准；其二，他们常常不能按照自己所宣称的理念来生活；其三，他们常常看不到自己认同的那些人（比如地位高的人）行为中的矛盾之处。

因此，虚伪是一种与诚实无关的心态，它常以无意识的自相矛盾和不一致性为特征。因为大脑天生是以自我为中心的，所以从某个角度来看它天生就是虚伪的。但与此同时，它可以巧妙地将自己的任何想法和行为合理化。换言之，人类的大脑天生会以积极的眼光看待自己，而诚实、正直的外表对于以自我为中心的大脑来说非常重要。这就是为什么我们人类会如此积极地（通过自我欺骗和合理化的方式）对自己和他人隐藏自己的虚伪。尽管我们通常是自私的，但我们几乎从不这样看待自己。尽管我们期望他人遵守的标准比我们对自己的要求要高得多，但我们依然认为自己是公正的。例如，从公司偷钱的会计可能会欺骗自己，认为那是公司"欠"她的钱,因为公司从来没有支付过她应获得的报酬。或者,她可能会认为公司的生意很赚钱,因此公司应该给她支付更多的钱……所有这些合理化的认知都让她将真相隐藏了起来。可见,尽管我们认可某些信念,我们也常常不能按照这些信念行事。

> 我们与虚伪同行。
> 威廉·迪恩·豪威尔斯
> (William Dean Howells)

只有当我们的信念和行为一致时,当我们能说自己想说的时,以及当我们说的话正好是自己想说的时,我们才能拥有理性的诚实。

当你决心过诚实的生活时,你会定期检查自己身上出现的矛盾,并诚实地面对它们,而不会找借口。你想知道关于自己和他人的真相。面对自己的虚伪,你开始试图超越它(同时你也认识到你永远无法完全控制自己的虚伪,因为你永远无法完全控制你的自我中心思维)。当你在别人(尤其是那些有地位的人)身上认识到他们的虚伪问题时,他们将更难操控你。

> **- 值得注意的地方 -**
>
> 找到你自己和他人行为中的自相矛盾或虚伪之处。留意自己什么时候使用双重标准、他人什么时候使用双重标准。因为虚伪是人类的天性,所以人很容易出现虚伪问题。仔细

看看人们说他们都相信什么，再与他们的行为相比较。你需要找出自己信念和行为的不一致之处：注意何时你表达了一种信念，然后又采取了与之相矛盾的行为；注意你是如何合理化自己的矛盾行为的。你要了解自己虚伪的后果。它能让你在不面对真实自我的情况下得到自己想要的东西吗？你也要了解他人虚伪带来的后果。如果你在自己身上看不到虚伪的痕迹，那就再反复多看几遍。

减少自己虚伪的策略

- 开始注意那些对别人比对自己期望更高的情况；找出自己最可能表现得虚伪的地方（这些地方通常会使你情绪化）；问问你自己是否对伴侣、同事、下属和孩子的期望比对自己的还要高。

- 你要写下对自己来说最重要的一些信念。当你确定你的行为与这些信念不一致（也就是你说了却做不到）时，你要意识到你的信念要通过行动来体现，而不是你的语言。想想你的行为告诉了你什么？例如，你可能会说自己爱某个人，可你的行为却根本无法看出你对对方的爱。或者，你可能会说提升思维能力对你很重要，但实际上你却几乎没在这上面花费多少时间。

- 想一想你的生活方式。你是否过着动机单纯的、诚实的生活？或者，你在隐瞒什么重要的事吗？如果是这样，你在隐瞒什么呢？更重要的是，你为什么要这样做？你怎样面对自己的虚伪呢？关于你自己或你的现状，你需要改变什么吗？

留意他人虚伪的策略

- 观察你周围的人。观察他们的言语和行为，分析他们言行不一致的程度。例如，注意人们是如何经常说爱某人，却又在背后批评对方的。这是一种常见的不诚实的行为。

- 考虑你最亲近的人——搭档、配偶、孩子或者朋友。你能在多大程度上辨别出你与他们相处时虚伪或者诚实的表现呢？他们在多大程度上能说出自己的真实意图和想法呢？他们的虚伪又引发了什么问题？

学会与他人共情

　　理性的共情要求我们站在他人的立场思考，特别是要认真思考那些我们认为是错误的观点。这很困难，除非我们能意识到自己过去经常犯错，而他人又经常是正确的。那些与我们想法不同的人有时掌握着我们尚未发现的真理。你要练习从他人的角度进行思考，这对你成为一名思考者是至关重要的。好的思考者重视从与自己观点相反的角度进行思考。他们能够认识到，许多真理只有当他们"尝试"其他的思维方式时才有可能获得。他们获得新的见解，拓宽自己的视野，喜欢用新的方式来看待这个世界；他们不认为自己的观点才是最合理的；他们愿意参与讨论以理解他人的不同视角；他们不惧怕自己不理解或从未考虑过的想法和信念。当他们曾经坚信的信念被证明是错的或具有误导性时，他们会随时摒弃这些信念。

> **－ 值得注意的地方 －**
>
> 　　今天，你要找到可以共情的机会，也要试着寻找他人身上表现出同理心的行为，练习如何表达同理心。例如，当他

批判性思维入门

人表达了和你不同的见解，你要用自己的语言来复述他说了什么，然后问他你是否准确地表达和陈述了他的观点；注意他人能在多大程度上与你共情，观察他们说的（"我明白"）与他们的行为（他们实际上没在听你说话）是否一致；让反对你的人说说他是如何理解你说的话的；注意人们何时会为了不改变自己的观点或不放弃自己的利益而歪曲别人所说的内容；注意你何时也会这么做。通过训练理性的共情，你能

更充分地理解他人，加深对自己无知的认识，并能更深刻地理解自己的思维。

> 不能认识别人的人就不能认识他自己。
>
> 佚名

与他人共情的策略

- 当你与他人意见不同时，可与对方互换一下角色，告诉那个人："如果你愿意从我的角度说话，那我也会从你的角度说10分钟的话，这也许可以帮助我们更好地理解彼此。"之后，每个人都应该纠正对方对自己立场的表述："在我的立场中，你不理解的部分是……"

- 在讨论过程中，你可以使用这样的句式来总结他人说的话：

"我觉得你的意思是……对吗？"

- 在阅读的时候，问问自己你觉得作者说了什么，并把自己的理解说给别人听。为准确起见，重新翻阅书籍，可以让你更好地评价自己对作者观点的理解程度。只有当你确定自己理解了某个观点时，你才有资格说自己同意或不同意它。

认真锁定自己的目标

人类的目标可以指引思考的方向，你做的每件事都跟你的目标相关。你的目标就是你想要达成的任何事，是你在任何情况和背景下都想要实现的最终目标。

如果你的目标不明确，你抱有不切实际、自相矛盾的幻想，或是不能坚持自己的目标，那你的思维就会出错。有些目标是短期的、暂时的，有些目标则是长期的、永久的；有些目标是主要的，有些目标则是次要的；有些目标代表了你生活中的主要任务，有些则是实现别的目标的手段。

在人类生活中，集体（公开发表的）目标和个人（未公开发表的）目标之间经常存在分歧。一名政治家公开宣布的目标经常是服务公众的需要，而其真实的目标却往往是赢得选举、实现个人野心和满足私欲。

因此，去检验指导你如何生活的那些目标是很重要的。哪些目标是你能够清晰地意识到的？哪些又是隐藏在思维的表象之下的？哪些目标是你不愿意承认的？有多少目标在引导你做肤浅的事？有多少目标在引导你取得重要的成果？哪些目标对你来说很难完成，为什么？

能够评估他人的目标也很重要。要记住，人们的真实目标经常和他们声称的目标相矛盾，这能让你透过事情的表面看到本质，并防止你被他人操控。

— 值得注意的地方 —

你要找到今天的目标、目的、设想和路线；弄清楚你在追求什么，以及你是如何追求它的；确定你的不同目标是相互交织的、一致的，还是冲突的、不一致的；辨别你表达的目标是否与你的真实目标不同；问问自己是否敢承认自己的真实目标。你是否了解你的家庭成员、伙伴和朋友在追求什么？他们真正的和最重要的目标是什么？他们的生活在多大程度上是被自相矛盾的目标搞砸的？认真审视个人目标、职业目标、政治目标、经济目标以及社会目标，列出与自己有关的重要目标，并评估自己是否找到了这些目标的不一致性。

除了拥有清晰、坚定的目标，没有别的路可以通向成功，没有什么可以取代它。目标是性格、文化、地位和各种成就的基础。

T.T. 芒格

（T.T.Munger）

你可以通过问哪些问题来锁定目标

- 在这种情况下，我真正的目标是什么？

- 我正在努力实现的是什么？

- 这个目标是切实可行的吗？

- 这个目标符合伦理道德吗？

- 我当下最重要的任务是什么？

- 为了实现目标，我首先需要做什么？

- 我的爱人、孩子和朋友的目标是什么？

- 我的目标跟我的爱人、雇员和领导的目标有什么不同？

- 我表达的目标跟我真正的目标是一样的吗？

- 如果我表达的目标和我真正的目标不同，我会愿意承认自己的真实目标吗？如果不愿意，又是因为什么？

锁定目标的策略

- 开会的时候，注意人们对目标的陈述，并确定人们是否能坚持这个目标。当你注意到人们偏离目标时，可以问这样的问题："我们的主要目标是什么？怎样进行讨论能帮助我们实现这个目标？"

- 当人们陈述的目标与真正的目标相矛盾时，可以这样干预："我相信我们的目标是……但我们的行为似乎在围绕着另一个与之相互矛盾的目标展开。我们该如何处理这些矛盾之处呢？"

- 认真思考每天指导你行为的主要目标是什么？找到你的行为模式，然后找出导致这些行为模式的目标（你的目标）："我做的主要事情是 X，因此，能够解释行为 X 的一定是目标 Y。"例如，你可能会说你"想"进行规律的锻炼，这是你的目标，但是你很少锻炼。与此同时，你会找借口来解释自己的行为——缺乏锻炼。这意味着你的真正目标不是定期锻炼，你真正的目标可能是说服自己你已经做了足够多的事情来保持身材了。可见，我们应该从自己的行为来确定真正的目标。

不要随波逐流，要独立思考

人在一生中需要加入各种各样的群体。这些群体包括一个人的职业、信仰、家庭和同伴团体等。我们发现自己在意识到自己是有生命的物种之前就已经加入了不同的群体。几乎在每一种环境中，我们都作为群体中的人在其中发挥作用。此外，我们所属的每一个群体都有自己的社会性定义和指导大家行为的约定俗成的"规则"。每一个群体都会以一定程度的服从性作为接受我们加入的条件，我们需要服从于群体一系列的社会理念、行为要求和禁忌等。

研究表明，人们在不同程度上会认为他们所属的社会群体表现出的任何行为和信仰方式都是正确的。通常这种想法是不具有批判性的。

成为群体成员显然会得到一些好处，但这些好处是有代价的。群体会把属于群体的规则强加给个人。

大多数人都是自动地、不加思考地盲目服从于群体的规范。大多数人无意识地随波逐流，而自己却没有意识到这一点。他

们内化了群体的规范和信念，
并按照人们期望的样子行动，
丝毫没有意识到他们正在做
的事可能会被合理质疑。

> 若被暴民喝彩，必是一件坏事。
>
> 塞贝加
>
> （Sebega）

当你发展成为一名优秀的、独立的思考者时，你就不会盲目地随大流了。你能独立思考，判断该相信什么和不该相信什么。

当然，要批判性地分析存在于自己文化中的习俗规范是很困难的。因为这些习俗规范已被系统地灌输到了我们的思维中，并且会影响我们的一生。因此，要克服这种教条的思维方式，需要不懈的努力、洞察力和勇气。这意味着你愿意进行独立思考。

－ 值得注意的地方 －

假设你是一个墨守成规的人，只有当你承认自己是墨守成规者时，你才能开始分辨出自己在什么时候、在哪些地方是从众的。要认识到从众现象几乎存在于生活的每个领域。你可以在报纸上、在人际关系中、在你所属的团体中发现它。你会在工作中注意到它，在别人身上看到它。人们通常宣称自己是独立思考者，但他们实际上是从众者。你需要注意自己什么时候最有可能从众（例如，在会议中）；注意自己什么时候最不可能从众；明白自己从众和他人从众的结果是什么；弄清楚什么时候应该遵守规则（例如，不要大声在餐馆里打

> 电话），什么时候不应该盲目顺从（例如，盲目地支持不道德的交易）。

成为一名独立思考者的策略

- 写下这些问题的答案：我们所属的群体中有哪些禁忌？什么样的行为被认为是可怕的和令人厌恶的？对于那些不遵守社会规则的人，即使他们的行为没有伤害任何人，会有什么惩罚？

- 反思你在多大程度上会不加批判地接受自己所在群体的禁忌与要求。注意你自己是否出现从众行为，并列出一系列方法让自己可以开始进行独立思考。

- 阅读我们的书《思考者的道德推理指南》（*Thinker's Guide to Ethical Reasoning*）来清楚了解伦理道德、社会习俗和法律之间的不同。

- 阅读威廉·格雷厄姆·萨姆纳（William Graham Sumner）的书《民俗论》（*Folkways*）。此书介绍了不同历史时期下各种广泛的社会形态和行为模式。想象如果你生活在这些不同的文化制度下，会拥有什么样的信念？你会如何行事？你的信念和行为跟当下的信念和行为有什么不同？

- 要意识到独立的思考者常常更喜欢独处，而不是试图融入那些非理性的、盲目遵守任意社会规则的集体。谨记你有一个可以随时加入的自由群体，即独立思考者的群体。你可以在已写成的经典的书本中找到其他独立思考者。独立的思考者总是能在浩如烟海的著作中发现等待他们的伟大思考者。

阐明你的想法

　　我们经常认为自己的思维很清晰，其实不然。模糊不清、模棱两可，以及混乱、虚假和有误导性的思维是人类生活中的重大问题。如果你想成为一名思考者，就必须学会阐明自己的思维——明确它、说明它，并给它下具体的定义。你可以这样开始：当人们跟你说明某事的时候，用你自己的话来总结别人说过的内容。如果你不能总结出他们具体说了什么，那说明你没有完全理解他们的话。你可以这样试试，看看会发生什么。

> 混乱的思考会导致混乱的生活。
> 佚名

– 值得注意的地方 –

　　模糊、混乱不清的想法也许听起来还不错，但实际上等于什么也没说。你可以试着弄明白人们说话内容的真实意义，也可以向别人解释你对某个问题的理解，以帮助自己深刻领悟它。练习用自己的话总结别人说的话，然后问别人你理解

得是否正确。注意，除非你能清楚地明白对方在说什么，否
则既不要说自己同意，也不要说自己不同意。

阐明你思维的策略

想要提高阐明思维的能力，你可以使用以下几点基本策略。

- 每次只陈述一个要点；
- 详细说明你的意思；
- 举一些你的想法与生活经验相结合的例子；
- 使用类比和比喻的方式帮助人们将你的观点和他们已经知道的事物相联系。比如，你可以这样描述："批判性思维就像洋葱，有很多层。就在你以为自己已经基本明白的时候，你会发现它还有更深的一层又一层。"

当你在说话或写作时，你可以用以下句式确保思路清晰。

- 我认为……（陈述要点）；
- 换句话说，……（详细说明你的要点）；
- 举个例子，……（用一个例子来说明你的要点）；
- 打个比方，……（用比喻或类比的方式说明你的要点）。

要理解他人的思维，你可以问以下这些问题。

- 你能用另一种方式来复述你的观点吗？我刚才不是很理解。

- 你能举个例子吗？

- 你说的话我是这样理解的……我理解的对吗？

当你开始使用这些看起来非常基本的策略时，要知道其他人其实很少使用它们。注意当人们所说的内容晦涩难懂或令人困惑时，他们是如何认定别人是能听懂他们的话的；注意简单的思维动作经常是最有力的。例如，你可以跟别人说："我不是很明白你的意思，你能用别的方式再说一遍吗？"专注于使用这些基本策略，无论何时，只要看起来有必要，就要这样做。当你这样做时，你会发现自己的思路变得越来越清晰，你也会越来越善于理清别人的思路。

阐明思维的困难之处在于这件事看起来太简单了，做起来却难。你很容易骗自己说自己一直在思考，就像你打网球的时候会认为自己一直在看球一样，但其实不然。不同的地方在于，打网球时会有即时反馈来告诉你什么时候你没有在看球，如当球没过网时；而在思考时，并没有类似的即时反馈机制，因此很多时候你只能维持自我欺骗的现状。

注意关联性，要切中要点

当思考的问题相关联时，思维就会聚焦到人所面临的主要任务上。思维会选择那些合适的、有关联的部分，并对所有与主要任务相关的内容保持关注，而将那些不重要的、不合适的、多余的

如果我们要解决一个问题，就必须动用自己所有的思维力量，准确辨别出什么能帮助我们解决问题，并清除那些阻碍问题解决的东西。

佚名

和与主要任务无关部分放在一边。那些直接关系到你正在努力解决的问题的内容一定是与问题有关的。当思维偏离有相关性的地方时，你需要让它回归正轨。未经训练的思维常常由联想来引导（看到这个提醒了我这件事，看到那个提醒了我另一件事），而非靠逻辑推理（假如 a 和 b 是真的，那 c 也一定是真的）。当思维游离时，被训练过的思维就会进行干预，并让注意力集中在能帮助它解决问题的事情上。

当你发现自己的思维偏离了正轨，就要弄明白为什么。只是

走神而已吗？如果是这样，你可能需要进行干预，让它重新回到正轨。如果是你意识到在解决最初关心的问题之前，你还需要处理一个其他问题，就要想尽一切办法解决好你脑海中浮现的这个问题。最重要的是，在任何时候，你都要准确地知道自己正在处理什么问题，然后要坚持关注该问题，直到你有了解决方案或是做了日后重新讨论此问题的积极决定，又或者是先处理了出现的其他问题。不要让你的大脑从一个想法到另一个想法，从一个问题到另一个问题，漫无目的地游荡而没有任何方向或规则。

— 值得注意的地方 —

碎片化思维是指没有逻辑关联性的跳跃式思维。当你或其他人没有持续关注当下需要解决的问题时，就要注意了。你需要专注于找到能帮助你解决问题的东西。当有人提出一个似乎与当前问题无关的点时，你可以问："你所说的与这个问题有什么关系吗？"当需要解决问题时，请确保你把注意力集中在能够帮助你解决问题的事情上，不要关注无关的事情，不要从主要问题上转移你的注意力。你要经常问自己："核心问题是什么？这件或那件事情和它有关吗？为什么有关？"

你可以问以下问题让思维具有关联性

- 我是否专注于主要的问题和任务？

- 这两个话题有联系吗？它们是如何联系的？

- 新提出的问题和当下面临的问题是怎样联系起来的？

- 我正在考虑的内容是否跟当下的问题直接相关？

- 我该如何集中注意力呢？

- 我正在将注意力转向无关的事情上吗？

- 我有没有将与主要问题相关的观点考虑进来？

- 什么事实可以真的帮助我回答问题？应该着重考虑哪些因素？

- 这件事真的跟问题相关吗？它们是怎样联系起来的？

保持理性

> 我们这么想是因为别人也这么想；或是因为我们确实是这么想的；或是因为我们被告诉要这么想，而且认为我们必须这么想；或是因为我们曾经这么想，所以现在仍然认为要这么想；或是因为我们之前这么想，所以认为将来也会这么想。
>
> 亨利·西奇威克
> （Henry Sidgwick）

批判性思考者的一大标志是如果有一个好的理由，他们愿意改变自己的想法。优秀的思考者在发现有更好的想法时，会想要改变自己固有的想法。换句话说，他们可以而且希望被理性打动。

但几乎没有人是完全理性的。没有人愿意去改变自己曾经认定的想法，也没有人愿意放弃自己的信念，去听取与自己意见相左的那些人的观点。因为人类的大脑不是天生就是理智的。如果想具备理性能力，就必须在思维中积极地培养它。尽管我们经常做出推论或得出结论，但我们的推论和结论不一定是合理的。然而，我们通常认为自己的结论是合理的，然后就想坚持自己的结论，而不考虑其是否合理和正确。人的大脑通常是基于自己认定的东西来决定接受或拒绝某一观点或结论的。

换句话说，思维并不是天生易受影响的；相反，它本质上是固化的。人们常常拒绝摆在眼前的好想法，也经常拒绝听取完全合理的结论（尤其当这些结论与自己的信念相矛盾时）。

为了变得更理性，你要敞开心扉，随时接受这样一种可能性：你可能是错的，而另一个人可能是对的。在情况或证据需要你改变自己的想法时，你要乐于这么做。承认错误不会让你失去任何东西；相反，你将获得心智上的发展。

> **－ 值得注意的地方 －**
>
> 　　你需要注意你与他人合理和不合理的行为；注意你何时不愿意倾听他人的合理观点，以及你何时不愿意改变自己的观点，即使别人提供了证据或好的理由来支撑一个更好的观点。仔细观察你自己，你会被好的想法打动吗？你对他人的合理声音持开放态度吗？当你发现自己具有防御性时，你能打破自己的防备心来听听有什么好的想法吗？注意你何时会用语言粉饰来让自己看起来是合理的，尽管你的行为是不合理的。努力想明白为什么你和他人的表现是不合理的。你之所以不持开放态度是因为有私心吗？而其他人不持开放态度也是为了个人利益吗？

变得更理性的策略

- 要注意，人们很少会承认自己错了。相反，他们经常会隐藏自己的错误。大多数人宁愿撒谎也不愿承认自己错了。你要下定决心不成为这一类人。

- 大声说："我不是完美的。我会犯错，而且经常犯错。"在和他人产生分歧时，看看自己是否有勇气承认："当然，我可能是错的，你可能是对的。"

- 练习对自己说："我可能错了，我经常这样。如果有更好的结论，我愿意改变我的想法。"然后找机会改变自己的想法。

- 问问你自己："上一次因为某人给了我一些更好的理由来支持他的观点，我因此改变了自己的想法是什么时候的事？"你在多大程度上愿意以新的方式看待事物？你能在多大程度上客观地判断那些与你原有想法相悖的信息？

- 意识到以下这些时刻你是非理性的。

  – 你不愿意倾听别人的理由；

  – 你被他人给你的理由激怒了（在你真正思考以前）；

  – 在讨论中你变得很有防御性。

- 当你发现自己思想闭塞时，通过在日记中完成以下描述来分析自己的想法（记住，你在日记中写的细节越多，在未来类似情况下你就越容易改变你的想法）。

– 我意识到在这种情况下我的思想是闭塞的，因为……

– 我想坚持的想法是……

– 我潜意识里觉得更好的想法是……

– 这个想法之所以更好，是因为……

学会提问

思维是由问题驱动的，你提问的质量能决定你的思维质量。肤浅的问题导致肤浅的思考，而深刻的问题促成有深度的思考。具有洞察力的问题会使人形成有洞察力的思维，富有创造性的问题会使人形成有创造性的思维。

此外，如果你想要充分地回答问题，那这个问题就决定了你需要完成的脑力任务。例如，要回答"冰箱里有苹果吗？"这个问题就需要你去打开冰箱，并数数冰箱里面有多少个苹果；要回答"在这种情况下，什么样的教养方式是最好的？"这个问题就要求你考虑什么是父母的教养方式、当前具体的教养问题是什么，以及可供你选择的选项有哪些。因此，是问题为大脑设置了各种不同但具体的工作任务。

优秀的思考者会频繁通过提问来理解和有效地处理发生在自己周围的事情。他们会质疑现实状况，他们知道事情常常与它们呈现出的样子有所不同。他们的问题能穿透表象、伪装、噱头和炒作。他们的提问可以让问题变得清晰和准确，可以为思考引导方向。他们的问题表明，他们不一定接受世界呈现给他们的样子。他们已经过了提出肤浅的或预设好某种结果的问题的阶段，他们的提问可以帮助他们解决自己的问题，做出更好的决策。

当你成为一个会提问的人时，你能问出很多有价值的问题，这些问题会引导你过上更有深度的和圆满的人生。你的问题也会变得更加重要和深刻。当你能理解别人问的问题时，你就能更好地理解他人的想法和观点。

> **- 值得注意的地方 -**
>
> 关注你和他人提出的问题。你倾向于提出哪一类型的问题？什么情况下你问不出重要的和与当下任务相关的问题？你倾向提出深刻的还是肤浅的问题？注意倾听别人是如何提问的、他们会在什么时候提问，以及在什么时候他们提不出问题。审视自己是不是个喜欢提问的人，还是仅仅喜欢接受别人给你的确切答案。通过提高你提问的质量让你的思维活跃起来，并关注那些能够指引你和其他人行动的问题。

产生更有力问题的策略

- 当你不理解某事时，就通过提问来确定你不明白的是什么。不要在不明白问题是什么的时候就回答问题。

- 无论何时，在面对一个复杂问题时，尽量用几种不同的方式（尽可能准确）来描述你要回答的问题，直到你找到了一个最好的方式来表述眼前的问题。弄明白你需要考虑什么内容、问题或观点来回答当下的问题。想明白你需要哪些信息。你是否需要从多个不同的角度来看待这个问题？如果是这样，请在回答问题前，尽可能将从不同角度看待问题得出的观点都清晰、准确、详细地罗列出来。

> "你怎么知道这么多事情？"一个聪明人问。我的答案是："我从不羞于问任何我不知道的事。"
>
> 阿尔伯特
>
> （Albert）

- 当你计划讨论一个重要的话题或问题时，提前写下你将要讨论的最重要的问题。如果有必要，请做好改变最重要问题的准备。一旦问题明确，要引导人们在讨论中紧扣问题，确保对话能朝着得出一个有意义的答案的方向发展。

你可以用于训练你的思维的问题

- 我到底想回答什么问题？
- 这是当前最好的问题吗？
- 有没有更重要的问题要问？
- 这个问题是否抓住了我面临的问题的真正要点？

- 在我回答这个问题之前，我还需要回答别的问题吗？

- 为了回答这个问题我需要搜集哪些信息呢？

- 依据事实，什么样的结论才是合理的？

- 我的观点是什么？

- 我还需要考虑什么？

- 还有其他看待问题的方式吗？

- 有哪些相关问题我需要考虑？

- 这是什么类型的问题？经济问题、政治问题、法律问题、伦理问题，还是多领域融合的复杂问题？

分清问题中的事实、偏好和判断

三种问题类型

回答问题的时候，明确问题的类型是很有帮助的（见图 2–1）。这个问题有确切的答案吗？这个问题是主观题吗？这个问题需要我们从另一个角度思考答案吗？

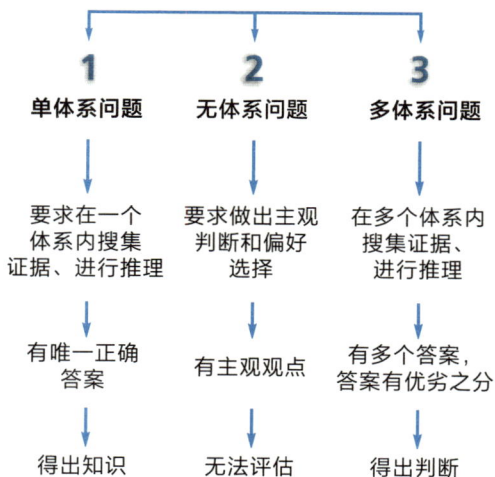

1	2	3
单体系问题	**无体系问题**	**多体系问题**
要求在一个体系内搜集证据、进行推理	要求做出主观判断和偏好选择	在多个体系内搜集证据、进行推理
有唯一正确答案	有主观观点	有多个答案，答案有优劣之分
得出知识	无法评估	得出判断

图 2–1　三种类型的问题

分析问题的一种方法是关注问题所属的类型。对于单体系问题来说，有一个确定的程序或方法来寻找答案；对于无体系问题来说，问题的回答依据个人的主观偏好，没有所谓的正确答案；对于多体系问题而言，有多种相互竞争的观点，人们可以从一系列观点中合理地寻求问题的答案。只有更好和更坏的答案，没有可验证的"正确"答案，因为即使是专家也经常会在如何回答这些问题上存在分歧（因此，体系和体系之间存在矛盾）。

每个复杂问题都有一个简单但是错误的答案。

H.L. 曼肯

（H.L. Mencken）

单体型（程序系）问题

这些问题可以通过特定的过程或方法来寻找答案。它们由事实、定义，或者二者共同来确定，主要出现在数学、科学等领域。每个人几乎每天都要面对这种类型的问题。例如：

- 铅的沸点是多少？
- 房间的大小是多少？
- 这个方程式的微分是多少？
- 电脑上的硬盘如何运作？
- 659 加 979 得多少？
- 根据波兰传统，土豆汤是如何制作的？

无体型（偏好系）问题

这些问题的答案和人类的不同偏好一样多（这是一个由主观喜好决定的问题范畴）。只要你愿意，这些问题的答案就可以是任何你想要的，只要它们与问题有关就行。因此，根据人们的偏好来判断它们是没有意义的。例如：

- 你更喜欢在山里还是海边度假？
- 你喜欢把头发盘起来吗？
- 你想去听歌剧吗？你最喜欢哪一部歌剧？
- 你更喜欢屋子里的哪一种配色？
- 你最喜欢哪一家餐厅？

多体型（判断系）问题

这些问题需要借助推理，而且有不止一个可论证的答案。这些问题都值得讨论，问题的答案有好有坏（有的答案合理，有的答案不合理）。对于这些问题，我们会在一系列可能性中寻找最优答案。

这些问题的答案应该用普遍的理性标准来评价，比如清晰性、准确性、相关性等。这些问题在很多人文学科中（如历史、哲学、经济学、社会学、艺术等）都是至关重要的。许多与父母教养、亲密关系、国家经济和政治等相关的日常问题也都属于多体系问题。例如：

- 我们如何才能最好地解决当今国家最基本、最重大的经济问题？
- 怎样做才能显著减少对有害药物上瘾的人数？
- 我们该如何平衡环境保护和经济利益之间的关系？
- 税收制度该如何改进？
- 死刑应该被废除吗？
- 什么是最好的经济制度？
- 考虑到问题的复杂性，接近客户的最佳方式是什么？

　　相比多体系问题，人们更善于解决单体系问题。人们经常想通过寻找"正确"答案来简化思考的过程，但是生活中的很多重要问题是无法轻易回答出来的。养育孩子有什么意义？和难相处的员工共事的最佳方法是什么？我想从一段婚姻中获得什么？我们该如何显著减少人类对地球造成的破坏？我该支持什么样的医疗系统？这些问题都是多体系问题，需要我们在多个相互冲突的观点中进行推理。

－ 值得注意的地方 －

　　你需要注意他人思维中有关这三种问题类型的困惑，寻找自己思维中相同的困惑。在这一天中，你要练习识别这几种不同类型的问题——不仅要在自己的思维中，也要在他人的思维中识别它们。注意，当你错误地用某一单体系问题的

答案来回答一个非单体系问题，而这个问题需要的是多体系答案时，你要知道同样的情况也可能发生在别人身上。当你思考一个多体系问题时，要找出所有重要的、相关的观点，并尽可能准确地阐述它们，特别是那些你不同意的观点。

内化和使用三种问题类型的策略

- 只有对这三种问题类型进行深刻理解，你才可以马上将你对它们的认识运用到日常生活中去。在会议中，你要注意人们讨论的主要问题类型。这些问题是复杂的多体系问题吗？还是主要是单体系问题？人们是否在表达他们的偏好呢？

- 注意有时人们会把多体系问题误当作单体系问题。例如，人们武断地以为自己的观点就是事实，拒绝对复杂问题进行推理，得出判断。你要观察人们是否看起来愿意相信和接受与多体系问题相关的多种不同观点。

- 在一天快结束时，将当天自己思考过的重要问题罗列出来，分成不同类型。问自己它们主要是单体系问题，还是无体系问题或多体系问题？你会如何处理每一类问题呢？你为多体系问题找到了一个简单的答案吗？面对无体系问题，你是否让某人在回答这类型问题时说出他的推理过程（即使你不应该这样）？

思考行为的结果

所有思维过程都有一个内在动机，它会指引你采取行动，继而产生结果。如果你对影响自己思维的许多因素不敏感，你就不能成为一个批判性思考者；同样，如果你忽视了驱动你思考的想法所带来的结果，你也很难成为一个批判性思考者。因此，你要注意自己的思维会给你带来什么样的结果。

> 傻瓜总是在事后依据事件评估行动；而智者则会依靠合理准则，做好事前的准备。
>
> 理查德·希尔
> （Richard Hill）

以下问题的结果是什么？

- 你吃的食物（你不吃的食物）是什么？
- 你的运动量是多少？
- 你如何分配自己的时间？
- 你感受到的和忽略的情绪有哪些？
- 你在生活中因什么恐惧、愤怒、嫉妒？

如果你在行动之前就考虑到自己的行为可能产生的意义，那你就能基本确定由你的行动引发的结果。有些人根本就想不到，当他们按照自己做出的决定行事时，会发生什么事情。他们抽烟，却对肺病一无所知；他们不锻炼身体，但对肌肉萎缩毫无准备；他们不积极培养自己的思维能力，却对随年龄增长而变得越来越迟钝的大脑感到措手不及。他们既没有意识到自己做的每件事都有意义，也没有意识到，在行动前考虑决策的意义是有可能形成的一种习惯，能使自己学会更明智地行动，更理性地生活。批判性思考者在每次行动前都会积极思考自己行为的结果，并据此修正自己的行为（在他们体验失败结果以前）。

不仅你的决策有意义，你说的话、你用的词语也都蕴含意义。也就是说，你使用语言的方式包含着很多特定的含义。例如，你大声且愤怒地对自己的妻子说："你怎么不洗碗呀？"你至少在暗示：

- 她本来应该洗碗；
- 她知道自己本来应该洗碗；
- 她知道如果她没有洗碗，你会很失望；
- 以后这种情况，她最好能把碗洗了，除非她想要激怒你，让你对她大吼大叫。

因为你说的每句话都蕴含意义，因此要谨慎地选择自己的语言。你要确保在说话前，对自己的用语已经深思熟虑过。你要小心、准确地使用语言。

> **－ 值得注意的地方 －**
>
> 　　你要注意你和他人的决策或潜在决策的意义。你既要关注表面的、显性的意义，也要关注深层次的、隐性的意义。你还要注意你所说的话，小心你的行为所带来的结果。行动之前，你要列出某一决策的所有重要意义，并注意他人是否能考虑到这些意义。你可以在新闻报纸上寻找例子，要知道一些决策可能无足轻重，而另一些决策（如发动战争）则可能导致致命的结果；要寻找机会帮助他人思考行为的结果（如你的孩子、你的另一半，或者你的同事和员工）。

思考行为的结果的策略

- 把你的生活看成一连串时时要做的选择题。任何时刻，你都要选择 X、Y 或者 Z，而且每一种选择和行为都会出现相应的结果。那你想要什么结果呢？你做什么才能预测结果呢？答案是像学生做题一样来选择自己的行为，反思决策可能带来的结果，并更加谨慎地做出决定。

- 当面对一个难题时，你可以列出各种可能的解决方法，以及这些方法可能产生的结果。然后用可能带来最好结果的那个方法采取行动。

- 考虑你现在的生活方式对未来的健康和幸福会有什么影响。如果你继续像这样生活下去，列出你可能会面临的各种结果。问问自己对这些结果感到满意吗？请聚焦于你的习惯可能会带来的负面结果。

- 仔细观察你在阐述自己思想时使用的语言。注意你说话的内容意味着什么，也要注意他人说话的内容意味着什么。他人对你跟他们说的话作何反应？确保在和别人说话之前仔细斟酌你的用词，也就是说要意识到自己所说的话是在暗示什么。

可以明确行为结果的问题

- 如果我决定去做某事，可能会发生什么？
- 如果我决定不做某事，可能会发生什么？
- 如果我们在这段关系里做这个决定，可能会有什么结果？以前我们做过的类似决定产生了什么结果？
- 忽视一个具体问题（例如，亲密关系问题或亲子关系问题）的结果是什么？
- 如果我现在继续跟过去一样生活，我可能会面临什么结果？

正确区分推理和假设

　　人们虽然常常将推理和假设相混淆，却很清楚区分这两个要素非常重要。推理是心理过程的重要一步，在这一步，大脑会说："这是真的，所以那是真的。"某一结论或论断的真实性取决于其他事物是否真实。人们每天会例行做出推理，这些推理可能是合理的，也可能是不合理的。所有推理都基于假设，也就是基于我们习以为常的信念。合理的假设会激发合理的推理，而假设经常是在无意识中进行的。当我们审视自己的假设时，常常就能发现偏见、刻板印象，以及其他非理性思维产生的根源。

　　智者总是让自己的信念与证据保持一致。

　　　　　　　　　大卫·休谟
　　　　　　　　（David Hume）

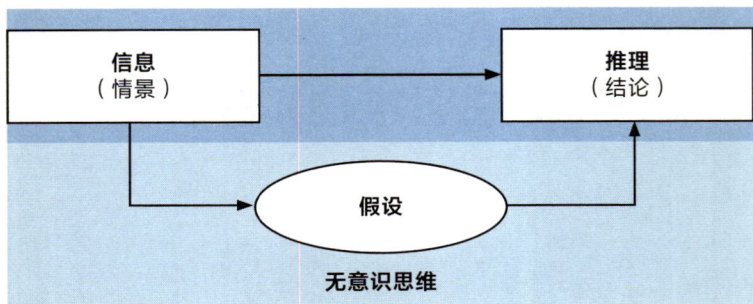

图 2-2　信息、推理、假设关系图

我们可以思考以下例子来区分推理和假设：

案例

情景：我的妻子在工作之余花了大量时间和她的男领导在一起。

推理：她跟她的领导有婚外情。

假设：只要一个女人在工作之余花很多时间和她的男领导待在一起，她和他就有婚外情。

使用下面的方法（见表 2-1）可以帮你区分思维中的推理和假设。首先，你需要确定在某种情况下你可能会做出什么样的推理（无论是合理的还是不合理的），然后确定导致推理产生的具体信念是什么，也就是所谓的假设。

当你能清晰区分推理和导致这些推理产生的假设时，你就能更好地掌控自己的思想和生活。你会发现那些左右你行动的你

表 2-1　　　　　　　　　区分推理和假设的方法示例

信息（情景）	可能做出的推理	导致推理产生的假设
你看到有人朝车窗外扔垃圾	乱扔垃圾的行为表明这个人没有素质	只要有人在汽车行驶的过程中朝窗外扔垃圾，就表明这个人没有素质
你看到一个眼睛乌青的人	那人一定是被别人打了	只要一个人眼睛乌青，他就一定是被人打了
你在小卖部看到一个小孩在妈妈旁边哭泣	这个妈妈拒绝给小孩买他想要的东西	只要在小卖部有小孩在妈妈旁边哭，就一定是妈妈拒绝给小孩买他想要的东西
你看到一个男人拿着纸袋坐在路边	这个男人一定是个流浪汉	所有拿着纸袋坐在路边的人都是流浪汉

曾习以为常的假设和信念。例如，如果你假设所有领导都是武断的、控制欲强的人，那你就会在自己的每一任领导身上看到这一点；如果你想当然地认为自己公司的工业污染不会造成健康问题，那你就不会有动力去检验这个假设，通过证据看这个假设是否合理；如果你认为不管你对待你的伴侣有多糟糕，你的伴侣总会和你在一起，那么接下来你可能会大吃一惊。

人们常说"我假设 X 是真的"或"我的假设是 X"，事实上，他们的意思是"我推测 X 是真的"或"我的推测 X"。如果他们是在假设，那他们可能不会说出来，他们会认为假设是理所当然的，所以没有必要去说明。他们可能认为其他人跟自己也拥有同样的观点（因此也就不会检验自己和其他人的假设）。记住，假设通常处于思维的无意识层面，因此并不总是能轻易被捕捉到。

> **－ 值得注意的地方 －**
>
> 你要注意那些混淆了推理和假设的人；要注意人们似乎常常没有意识到自己混淆了推理和假设；观察你和他人是否可以正确使用"假设"或"假定"、"推理"或"推测"这些词语；注意你的推理，然后再找出你的假设。

区分推理和假设的策略

- 为了练习区分推理和假设，你要自己创设情景。然后在这种情景下，设定某人可能做的推理，可以是合理的，也可以是不合理的（如，因为 X 是真的，所以 Y 是真的）。最后要确定产生推理的准确假设（见表 2–2）。

表 2–2   练习表示例

信息（情景）	可能做出的推理	导致推理的假设
1.		
2.		
3.		
4.		

- 从早到晚练习区分推理和假设，是为了掌握基本的策略。你可以使用类似于前文的这种方法。先关注你的推理，然后才是你的假设。你可以说："现在这种情况，我推测 X 会怎么样，我很确定这个推理来自这个假设。"不用担心你的推理和假设是深刻还是肤浅，你只需努力明白你大脑中发生的整个过程：首先有情景，然后进行推理，再找到假设。

（情景→推理→假设）

要注意的是，虽然是假设引出了推理，但要识别假设，你需要逆向寻找。先找到推理，因为它更容易存在于思维的意识层面，所以更容易被捕捉到。

- 当你掌握了这个基本策略后，就把目光聚焦于你所做的重要推理上。思考你的事业、婚姻、工作中的重要事项，以及在父母教养的方式、其他生物等方面，你正在做出哪些重要的推理。

不被他人的言语欺骗，
看清言语背后的真相

一幅画囚禁了我们，我们无法逃脱，因为这幅画就在我们的语言里，而且语言似乎在无情地向我们重复着它。

路德维希·维特根斯坦

（Ludwig Wittgenstein）

我们往往对词语在我们现实生活中所扮演的角色知之甚少。从生命之初，我们就沉浸在词语、语言和各种观念中。例如，父母指着一个物体或人，然后对孩子说出对应的词——这是椅子、勺子；这是妈妈、爸爸、宝贝；这是好的、坏的、漂亮的、难看的……通过这些和许多别的词组合，我们逐渐形成了自己的信念（"我是好的""我有最棒的妈妈和爸爸""一些人是坏的""这些东西又丑又令人讨厌"）。因为我们天生具有社会中心的思维倾向，所以我们的信念经常与社会赞同或反对的相一致，即我们倾向于不加批判地接受社会认可的观点，或不加批判地拒绝社会反对的观点。

随着我们的年龄增长，我们会将大脑中的词汇和含义结合在一起，形成自己的观点和世界观。这些基于词汇而形成的信念成为我们思想的一部分，决定了我们看待世界的方式，以及我们形成的假设和我们理解事物的理论。

我们经常选择词语来为我们的个人利益或者为维持自己社会中心倾向的观点服务。"花言巧语"是指使用语言来故意掩饰或者歪曲词语的根本含义，对观点进行粉饰。请参考以下例子。

- "间接伤害"一词掩盖了无辜的人们在战争中"被杀害"的事实。
- 政客们没有在"花"纳税人的钱，他们是在为未来"投资"。
- 我们代表"正义"，他们代表的则是"压迫"。
- 我们是"自信"的，而他们（不管谁反对我们）是"傲慢"的；
- 当我们的盟友死在敌人手中时，我们称之为"袭击"；当我们杀掉敌人时，我们称之为"报复"。
- 我们称农场的动物为"家畜"，而不是我们要"杀来吃的动物"。我们还使用"肉类食物""牛排""家禽"等词，而不是"死掉的动物的肉"（想象你在餐馆点餐，说要吃死掉的动物的肉，会是什么情形）。

请再看看以下这些虚伪的话。

- 我们有时说："我爱你。"但我们的行为表明：在更好的人出现之前，我只能这么做。

- 我们有时说："我需要自由。"而我们的行为表明：我不想因孩子而被迫承担责任。

- 我们有时说："人无完人。"而我们的行为表明：我掩盖的可不只是偶尔出现的小瑕疵。

- 我们有时说："我只是喜欢吃好吃的东西。"而我们的行为表明：我对不健康的食物上瘾。

- 我们有时说："我想要存钱。"而我们的行为表明：我对购物上瘾。

我们使用的词语决定了我们对现实的看法。例如，如果你不赞同同事的无理想法，你可能会被认为"不合作"。根据这个逻辑，"合作"就意味着接受群体的想法，不管这种想法多么不合理。

批判性思考者在用词上非常谨慎。如果他们说"我爱你"，那你就能轻易地在他们的行动中看到爱。如果他们说"我想努力过一种经常审视自我的生活"，你就会看到，随着时间的推移，他们过上了越来越理性的生活。批判性思考者试图在大脑中真实反映正在发生的事。他们会选用能准确描述正在发生的事情的词语。他们通过自己选择的语言来掌控自己的行为。如"我对我的生活负责""我做出了决定我未来的抉择""我是我这艘船的船长"。他们意识到自我欺骗常常导致他们以符合自己的利益而非符合事实的方式来定义事物。

> **－ 值得注意的地方 －**
>
> 　　你要注意词语的误用。注意人们是什么时候为了自身的利益或好处来使用某些词语的；什么时候人们使用词汇的方式与真实发生的事情并不相符；寻找那些看起来不准确或不合逻辑的解释；检查一下你使用的词语。你选择用那些词语来表述，是为了让自己能（自私地）得到更多吗？为了更好地理解情况和他人，你需要在心里把词语从事物中剥离出来，努力看清事物的本质。大多数语义学家表示：一个词语原本是没有意义的。当你内化了这种观点，你就有了一个强大的工具来掌控自己对词语的定义，最终掌控自己的生活。

更谨慎地使用词语的策略

- 当你与某人意见不同时，尽可能善意地准确阐明这个人的观点。注意你用来阐述他人观点的词语，尽量找出可以更好地代表该观点的别的词语。如果可以，向与你观点不同的那个人阐述他的观点。询问你的话是否准确地反映了他的观点。如果没有，重新阐述其观点，直到对方满意为止。
- 注意你用词的不合理地方，或者是你是否隐藏了真实意图。

你想隐瞒什么？你努力不想让大脑看到什么？在生活上你不想面对的是什么？例如，那些在工作中感到被束缚的人，其实是经常使用一些词语，让自己感觉被束缚。所以，你不应该使用束缚自己的词语，而要用释放自己的词语。不要说"我无力改变我的处境"，而应该说"我能做一些事情来改变我的处境，我只需要弄清楚该做什么，然后朝着那个方向前进就好"。前一种说话方式会困住你，而后一种说话方式则会激励你。

- 注意他人使用词语的方式。注意他们何时以不合理的方式使用词语。

- 注意人们在什么时候使用词语是为了得到更多自己想要的，而完全不考虑他人的权益。

- 注意什么时候人们会使用侮辱性的词语。而这些侮辱性的词语也束缚了他们自己，固化了他们对被辱者的看法，有时还会导致仇恨犯罪或其他不道德行为。

- 当你和某人意见不合时，与其给出你的解释，不如只是陈述事实。不要说"你总是做 X，从来不做 Y"，而要说"这是我真实看到的。你同意我刚才陈述的事实吗？"当你做这个练习时，要知道你还是有可能在歪曲事实，特别是当你的自我意识与当下事件有关联的时候。

- 努力识别自己的用词方式。让你说的每一个字都尽可能代表事实。很少有人能熟练地掌控自己的用语，进而掌控自己的思维和生活质量。

不要自认为是批判性思考者

构建公正的批判性社会的一大障碍，是我们都认为自己是公正的批判性思考者。归根结底，我们都把自己看作真理的来源。换句话说就

> 若我们希望能轻松地做，就必须先学会勤奋地做。
>
> 塞缪尔·约翰逊
> （Samuel Johnson）

是"想知道真理的话，问我就好了"。我们认为自己的思维方式是最好的，我们的价值是最高的，我们的观点是最全面的。美国共和党人和民主党人都认为自己是批判性思考者；无神论者和基督教徒、教师和行政人员、雇主和雇员、丈夫和妻子、父母和（至少是已长大的）孩子，这些人也认为自己是批判性思考者。

正如之前所说的，我们都倾向于忽视自己的无知，这是人类的特点。每个人都具有这种特点，不管他的智力水平或能力如何。无论是医生、科学家，还是工厂和农场的工人，这种现象在所有人身上都一样存在。

事实上，培养批判性思维需要刻苦的练习和坚定的决心，就

像培养任何复杂的技能一样，但人们往往认为自己的思维不需要练习就足够好了。大多数人如果被问及是否会拉小提琴，都会轻易承认他们对小提琴一无所知，因为他们从未学过。但是当被问及思维时，他们不会说因为自己没有进行过思维练习，所以不知道该如何去思考。相反，他们会不加批判地为自己的思想辩护。

问题就在于，人类社会对培养思维以及公正的批判性思维的研究和学习还不够，批判性思维很少被重视。"批判性思维"这个词虽然广为流传，却很少被人主动地进行探讨。如果你让大多数人给批判性思维下个定义，他们的大脑往往会一片空白。他们可能会给出含糊的回答，他们可能认为批判性思维是一种解决问题的公式化方法。

我们应该将批判性思维看作我们只能部分理解的概念，因为它总是有更深层次的含义。换句话说，批判性思维应该是我们渴望能够了解，却永远不能完全了解的概念。因为我们与生俱来就是以自我为中心和以社会为中心的思考者，我们永远不能成为完美的批判性思考者。

— 值得注意的地方 —

你要留意对"批判性思维"一词的使用；注意人们是如何经常把批判性思维这个词和他们自己的信念相联系的，即使他们的信念并不可靠；注意人们是否基本无法解释批判性思维概念；注意人们如何倾向于假设自己的想法是合理的，而非不合逻辑的；注意不同职业的人们如何经常自动假设自己专业、部门和科室的那些人能进行批判性思考。

成为批判性思考者的策略

- 列出你生活中所有你认为可以将自己称为批判性思考者的领域。在每一个领域，都找出你思维中的弱项。如果找不到，那就继续深入地找。

- 列出生活中在哪些领域，你可以肯定自己不是一名批判性思考者，或是不像在别的领域那样能很好地进行批判性思考。准确找出你思维中的问题。记住，你发现的细节越多，你就越可能识别这些问题。

- 当他人使用"批判性思维"一词时，问问他们对批判性思维的定义，看看他们的回答是否具有实质性含义。

- 要接受自己是一个不完美的思考者，但要立志持续稳步提升自己。

- 写一篇日记或给自己写一封信。在日记或信中让你最理智的一面发出声音："理论上，我想成为一名批判性思考者，我想掌控我的思想、情绪和欲望。但我发现自己仍然在做……
我仍然会有以下的非理性行为……我会继续……我已经开始
注意到……"

待人公正，不自私

人类天生就是自私的。自私是人类的本性，不需要后天学习（尽管这种本性会被个人所处的群团体强化或削弱）。人类自然而然地会去关注自己，不幸的是，这通常意味着我们会不公平地对待他人。

> 自私是一种令人讨厌的恶习，没有人会原谅他人的自私，也没有人不自私。
>
> H.W. 比彻
>（H.W. Beecher）

你不必太过自责，因为成为一个公正的人和思考者还是有可能的。你可以学会对他人的欲望、需求和权利给予充分的关注，你不需要用"自我欺骗"来假装公正。

当你公平、公正地思考时，你会像对待自己的权利和需求一样对待他人的权利和需求。当公平与公正需要你这么做时，你会放弃对自己的欲望的追求。你要学习如何克服自私，跳出自己的观点，从他人的角度来看待问题。你会认可"理性的公正"是值得追求的一项品质。

> **— 值得注意的地方 —**
>
> 你要留意自己和他人身上的自私；注意人们如何经常为自己的私心辩护，又如何经常反感他人表现出自私；注意自私在你生活中扮演的角色。你要意识到公平地对待那些被公认为是"邪恶的人"有多困难，以及识别出自己的非公正行为有多困难（因为大脑会自动屏蔽掉那些它不想面对的事）。

成为公正思考者的策略

- 每天都要记得你和其他所有人一样，天生就是以自我为中心的，你们在意的都是这个世界和世界中的一切能如何为你们服务。只有把这个想法作为前提，你才可能控制你的自私和自我中心倾向。

- 要警惕被困在自欺欺人的陷阱之中，例如对他人的观点置若罔闻。记住所有人都会自欺欺人，但只有个别人能发现这种倾向，并不断努力去控制它。

- 把每一次的自私表现记录下来。如果你注意到了自己自私的表现，且没有随它任意发展，记得奖励自己。此外，还要注意那些你用来让自己的行为合理化的借口和理由。详细记录下自己是在何时以及如何表现出自私的，并考虑下次该如何避免此类行为再次发生。你可使用以下格式来记录自己的自私表现。

- 今天我在以下方面表现得比较自私；
- 我的自私想法（未表达的）如下（尽可能地诚实）；
- 我的自私在以下几个方面影响了以下这些人；
- 在未来类似的情况下，通过思考和实践以下这些理性方法，我可以避免自私或以自我为中心。

- 抓住每一次机会对涉及多种观点的问题进行广泛思考。因为在任何情况下，你的大脑都会倾向于支持你持有的观点。所以，要强迫大脑从其他多个角度看待问题或情况（并准确地表达这些观点）。

可以培养公正思维的问题

- 我现在对待……是公正的吗？
- 我是否把自己的需求放在了他人的权利和需求前面？如果是，我想要的到底是什么？我忽视了谁的需求，或侵犯了谁的权利？
- 当我思考我的生活方式时，我有多少次是设身处地为别人着想的？
- 我在这种情况下选择对事实视而不见，是因为涉及自身利益吗？如果我想要面对事实，我是不是必须改变行为？

- 我考虑得足够全面吗？我探索过多少种不同的角度？我考虑过哪些不同的观点呢？

- 在什么情况下我会表现得自私？是在和我的伴侣、我的孩子、我的朋友相处时，还是和我的同事在一起时？

第 16 天

控制你的情绪

人们经常对情绪在生活中扮演的角色感到困惑。例如，在我们的文化中，人们经常被分为两类：思考者和感受者。感受者或许会这样说："我们之间的问题是，你是一个思考者，而我一个感受者。我是一个情绪化的人，可你不是。"但是区分思考者和感受者本来就是一种观念上的错误。作为人类，我们所有人都会思考，并且从早到晚都在体验情绪。

> 对情绪置之不理，并不会促成思想或行动，而是会导致疯狂……
>
> J. 斯特林
>
> （J. Sterling）

此时此刻，你就在思考些什么、感受些什么、渴望得到些什么。你在思考你正在读的书，你在感受一些情绪，它们来自你对书中内容的解读。你是否有动力继续阅读，取决于你怎么想以及你的感受。这样的情况会在一天中一次又一次地发生。

认知（思考）和情感（感觉和欲望）是同一枚硬币的两面。如果你认为有人对你不公平，你会对那个人产生一些负面情绪

（如愤怒或怨恨）。这种感觉之所以发生是源于你在这个情景中的所思所想。此外，感觉可以有效地影响和驱动思想。例如，如果你对一些你认为不公正的事情感到愤怒，那你的愤怒可能会促使你思考能做些什么来消除不公正。

感觉和情绪是你性格的重要组成部分。它们可以是积极的，也可以是消极的，它们会影响你从积极的或是消极的角度来理解观点；它们可以是合理的，也可以是不合理的，你怎样理解你的情绪会对你的生活质量产生很大的影响。你可以放纵或者控制某种特定的情绪，情绪可以驱使你去做好事或者做坏事。当你更仔细地审视自己的情绪时，你可以对那些能够解释这些情绪的思维进行深入探究。你可以抨击那些使你情绪波动的想法，然后通过改变导致这些情绪的想法来控制你的情绪。

— 值得注意的地方 —

你要注意感觉和情绪——你的情绪与他人的情绪。从表面上看，你会很容易看到情绪。透过表面你会发现，你会因情绪而否认自己的感觉。注意人们是如何为自己的消极情绪辩解的；注意人们通常是如何排斥他人的消极情绪的；注意人们是怎样否定那些比他们地位低、和他们观点不同的人的情绪的。仔细观察情绪在你生活中的作用。要意识到，即使是消极情绪也会在你的成长中发挥有益的作用。比如，如果你做的事情伤害了他人，你应该对你所做的事感到愧疚。不要将健康的感受和以自我为中心的感觉混淆。每当你感受到消极情绪时，停下来问问自己："为什么呢？是什么想法或者行为导致我出现这种感觉？"用富有成效的思维取代徒劳无用的思维，这样做应该会产生有益的感受。

掌控你感情生活的策略

- 开始注意你常常经历的情绪。每当你经历消极情绪时，问问自己："是什么想法导致了这种情绪？"看看你能否识别这种情绪背后的非理性思维。如果可以，那就用更好、更明智的思维来取代这种思维。一旦你根据新的思维行事，你的情绪也会相应地开始转变。

- 如果你在生活中频繁地经历消极情绪，那就仔细看看是什么导致了这些情绪。是你自己吗？是不是你的非理性思维导致了这些情绪？你是否处在一段需要结束的非正常关系中？是你的工作引起了这些消极情绪吗？这种消极情绪会反复出现，直到你直面生活中导致消极情绪的问题为止，直到你做些什么来改变导致消极情绪的情况为止。你需要找到情绪产生的根源。在你完全处理好这些问题之前，不要选择忽视它们。让那些能引起卓越行为和积极情绪的思维充斥你的大脑吧！

- 为了更细致地关注你的情绪，你可以把它们记录下来。针对消极情绪，你可以使用以下句式进行记录。

  - 我感受到的消极情绪是……

  - 我觉得之所以有这种消极情绪，是因为……

  - 为了不体验到这种消极情绪，我需要改变的想法（或情况）是……

  - 用一种更有成效的思维方式和自己说："如果我改变了我思考的方式，那么我的感觉会通过以下方式改变……"

这种策略聚焦于消极情绪。通过分析导致消极情绪的原因，你可以发现你的想法和行为方面的问题。如果你没有经历过很多消极情绪，那可能是因为多数情况下，你过着一种理性的生活，因此你体验到了理性、无私的生活方式所带来的积极情绪；或者你对你的生活感到满意是因为你擅长操纵他人（在这种情况下，你无须改变，就能得到你想要的东西）。成功的主宰者通常感受到的都是积极的情绪。总之，你的情绪由你来决定。

控制你的需求

如果你想掌控你的生活，那就必须掌控那些影响你行为的需求。否则，你很容易执着追求非理性的需求。比如对自己或对他人都有害的需求、支配他人的需求等。当你不再积极地对你的需求进行评估和批判时，你就会盲目地追求无意义的东西。

> 不能控制自己欲望的人没有自由。
>
> 毕达哥拉斯
> （Pythagoras）

当你成长为一个能够自我反思的思考者时，你会区分出有意义的需求和无意义的需求，区分出合理的需求和不合理的需求。你会努力抵制那些导致痛苦的需求，改掉不健康的习惯，养成让生活更充实的习惯。你会意识到对贪欲、权力和赞赏无节制的追求所带来的痛苦，你开始仔细审视自己身上这些与生俱来却有害的需求。你简化了自己的生活，意识到大多数非理性需求是在无意识层面发挥作用的，你努力将它们呈现出来加以审视。你能清晰地阐述自己的目的、目标和动机，以便能更容易地评估它们。

重要的是，你要认识到需求与思考和感受的关系。无论你在何处产生了需求，这些需求都是因你思考而导致的。当你按需求行事时，你就会出现一些感受。例如，如果你"想要"换一份不同的工作，你就会"认为"那份工作在某种程度上比你正在做的这份更好。当你开始从事新工作时，你会"感受"到一些情绪（例如，满意或不满意、有成就感或者有挫败感）。如果你"感到"不满意，那么你可能会重新"考虑"自己的决定。你也许会试着回到你曾经的工作岗位上。

因此，人类大脑的三种功能——思考、感受和需求，一直在不断地相互影响。批判性思考者能够理解思考、感受和需求之间的关系，他们经常评估引导他们行为的需求，分析产生这些需求的想法。

> **— 值得注意的地方 —**
>
> 你要留意你的需求与他人的需求。注意人们追求非理性需求的频率；辨别你能承认的需求和你试图隐藏的需求；注意人们通常是如何为自己的需求辩护的；注意人们是如何抗拒他人的有利于自己的需求的。仔细看看需求对你的生活的影响，每一种追求都需要付出代价；注意那些对健康、权利、地位和名誉的追求怎样影响了你和他人的生活品质的，对这些东西的不合理的追求会带来许多苦难与不公。如果你屈从

于自私和非理性的需求，那你就永远无法成为一个理性或公正的人。

掌控你的需求的策略

- 认识到你所采取的每一个行动都是由你的目的或需求驱动的。列出你自己的行为中有哪些会引起羞耻、烦恼、痛苦，或是其他不正常的结果。对你所列的清单上的每一种行为写下详细的说明，解释你出现这种行为的原因；然后质疑自己的每一种解释，问问自己，你的动机是什么？你可能需要进行一些深入的挖掘，因为你以自我为中心的思想会试图使你相信你自身并没有非理性的需求。

- 思考你所列的每一种行为有什么意义，尽可能详细写下每一种行为的结果。同样，不要隐藏真相。

- 列出你能立即做到的改变。你的行为也许会受你所处环境的影响，所以你需要反思一下这些问题：你需要搬家吗？你需要摆脱一段糟糕的关系吗？你需要学习一些更好的应对策略吗？你需要每周阅读本节内容提醒自己用有效的策略来应对非理性需求吗？

- 写一份详细的计划来改变你的不合理行为，计划越详细，就越有用。

不支配他人，不仗势欺人

那些希望被敬畏而不是被爱的人的力量是可怕的，生命是可悲的。

科尼利厄斯·内波斯
（Cornelius Nepos）

支配行为是指控制他人或对他人使用权力使其服务于自己的利益，而不考虑他人的权利和需要。我们也会称这种行为为仗势欺人。人类生活中的许多问题都源于人们支配他人的倾向，这种倾向在仗势欺人者身上尤为明显。控制和支配通常是间接实现的，因此很难被发现。人们通过操纵他人的方式实现自己的目标。从某种角度来说，这种行为总是会伤害那些被控制的人，给他们造成巨大的痛苦。

不幸的是，那些成功支配他人的人，那些因掌控权力而操纵他人来达成自己目的的人，通常是最不可能改变的人。这就是事实，因为"成功的统治者"总是体验到积极的情绪。他们通常认为一切顺利，并倾向于认为他们的人际关系良好（即使其他人在这段关系中并不开心）。如果你是这种人，那你需要付出更多的努力去改变自己（相较于那些在支配行为中有消极感受的人）。你需要改变并非因为你在与他人的关系中感觉不愉快，或和他人相处时出现了明显的问题，而是因为支配行为本身就是不道德的。

理性的人不想要支配他人，即使他们能免受惩处，即使他们能从支配行为中获得好处。他们宁可自己放弃一些东西，也不愿意伤害别人去得到他们想要的。当你的理性能力得到发展时，你会越来越少地控制他人，也越来越少地受到他人的控制。

> **－ 值得注意的地方 －**
>
> 你要留意你和其他人的支配行为。注意人们在什么时候使用语言支配和控制他人；留意人们所说的话与他们的真实意图。研究你的行为，以明确你会在何时支配别人以及支配谁。你"成功"了吗？这样做值得吗？你知道有哪些人习惯统治他人吗？当然，有一些情况实行控制是有必要的，此时此刻一个人这样做是合理的（比如一艘船的船长和需要监护年幼孩子的父母）。但仗势欺人是指操纵权力以便凌驾于他人之上，让他人为自己的利益和所愿所想服务。

减少支配行为的策略

- 识别出在你的生活中不理性地想要支配他人的时刻。是在家，还是在工作中？是想支配你的伴侣，还是想支配你的孩子？

- 现在来思考一下支配的后果。你真的"成功"得到你想要的东西了吗？这样做让你在多大程度上产生了满足感？在多大程度上引起了你沮丧的情绪？这样做值得吗？

- 注意人们是如何将支配别人这种行为"合理化"的。记录下他们给出的解释，并寻找真正的原因。观察在不同情景下人们的支配行为通常会产生什么结果。

- 如果你不能识别出你在生活中对他人的每个不合理的支配行为，就说明要么是你善于自欺欺人，要么就是你只顾自私自利地追求自己想要的。你需要知道，以自我为中心的支配行为和一味服从是同一枚硬币的两面。

不一味顺从，不逆来顺受

一个一味顺从的人，通常会默许他人的支配以获得一些自己需要的东西，比如安全感、被保护的感觉或晋升的机会。这些人需要以自由为代价达到他们的目的。顺从的人，或者说逆来顺受者通常有无助的感觉，他们典型的性格特征表现就是对他人千依百顺或卑躬屈膝，这通常会使他们产生自卑感、怨恨感和不满。逆来顺受者通过谄媚对仗势欺人者产生了一些间接的影响。讽刺的是，聪明的逆来顺受者有时还会"控制"没有经验的仗势欺人者。逆来顺受者和仗势欺人者一样，可能会成功达到目的，也可能遭受失败。

> 墨守成规是自由的牢笼，也是成长的敌人。
>
> 约翰·F. 肯尼迪
> （John F. Kennedy）

人们在一些情况下往往会顺从他人，在另一些情况下却支配他人。换句话说，人们会在不同的情况下切换角色。例如，他们也许会在办公室中顺从领导，却在家中支配家人；或者在家中顺从配偶，却支配自己的孩子。而在其他时间，他们也许是理性的。

支配或顺从模式在人类生活中的许多情况下都会出现，这两种模式带来了太多的矛盾与痛苦。理智的人会避免这两种模式在自己身上存在。在他们所处的环境中，他们意识到了支配或顺从模式是如何作用于自身的，并努力避免出现这种情况。他们也认识到支配或顺从的倾向会在他们的思想乃至行为中一遍又一遍地出现。

在你不同意某决定时，选择支持该决定，并不一定是利己的顺从行为。例如，如果有人比你了解更多关于目前情况和问题的信息，并且你也没有能力去研究这些信息时，你的支持就是合理的（即使你所掌握的关于目前情况的一点儿信息让你持不同意见）。在任何特定情景、任何特定时刻，你都不得不选择，你是利己地顺从他人还是理性地让步。人永远有自欺欺人的倾向。支配或顺从模式中以自我为中心的想法总是被伪装起来，因此，这样的想法通常被大脑认为是合理的。

在某种程度上，人确实容易有顺从的倾向。所以，为了了解你是否一味顺从，你需要认真观察你与他人之间的交往。你是否总是不假思索地支持别人，无论他们这么做是否有意义？你是否在事后厌恶自己这么做？你是否感到好像有人控制了你？只有把你一味顺从的想法和行为放到你思想中最醒目的位置，你才能控制并改变它。如果你有强烈的顺从倾向，那就做好与它艰苦持久地斗争下去的准备吧。

> **— 值得注意的地方 —**
>
> 　　你要留意你和他人的顺从行为。顺从的特征之一是妥协，这在人类生活中很常见。所以，仔细观察你在顺从情况下的行为。那些顺从他人的人经常感到愤愤不平，看看当你在表示"赞同"后是否会出现愤懑的情绪？当你违背了自己的意愿，你是否注意到了自己在做什么？你是否感到无能为力，或者你是否产生了消极的想法？你也许会抱怨或讽刺，也许会做出消极或有攻击性的行为。不要责怪别人控制了你；相反，你要意识到是你允许他们这样做的，并设法停止一味顺从。同时你还要注意到，在你与他人交往的过程中，什么情况下是他人顺从于你的。你了解他们在追求什么吗？他们通过顺从行为是否得到了他们想要的呢？

避免非理性顺从的策略

- 通过识别在没有合理的理由时就附和他人的情景，来找出自己顺从的行为。在这些情景中，你也许会厌恶你所扮演的顺从角色，但你的愤懑情绪被掩盖了，你不会明确地反抗。你会说出那些别人期望你说出的话（而非你的本意），但在这么做之后，你又会因自己的恼怒而责怪别人。在日常生活中，你发现自己存在何种程度的顺从？你为什么要这样做？

这样做后你得到了什么？如果你明确态度并讲出你的真实想法会发生什么？你认为你会失去什么？

- 回想一下那些你表现得顺从的情景。你会感到怨恨、恼怒，或是怯懦吗？

- 社会中的许多顺从现象未被察觉，大多数人在生活中的某些领域都会以自我为中心表现出顺从行为。例如，多数人认识不到他们顺从于同辈群体、非理性的文化要求和禁忌，以及一些公认的权威。你要明确做你自己至关重要，要多多思考并掌控自己的生活。坚称自己是自由的并不能让你自由，自由开始于你认识到自己顺从于社会习俗、规则和意识形态之时。

- 顺从者，就像支配者一样，可能是成功的，也可能是不成功的。如果你以自我为中心，一味地顺从他人，又何谈成功呢？你倾向于通过顺从得到你想要的东西吗？你真正得到了什么？你付出了什么代价来得到它？在这种情况下，你有多不诚实，无论是对自己还是对他人？

- 捕捉你一味顺从的时刻，在那一刻，请大声说出自己的真实想法，越理性越好。体会找回自我的感觉。

- 全面审视你的行为，以确定你支配、顺从以及理性的程度。你在哪些领域倾向于支配他人？在哪些领域倾向于顺从？在哪些领域是理性的？你支配、顺从与理性的时间占比是多少？仔细观察自己，才能更好地控制自己。当你这样做的时候，你也许会为自己的诚实、正直感到惊讶。

不要被新闻媒体左右

每个社会和每种文化都有自己独特的世界观。这种世界观决定了人们所看到的事物以及人们看待事物的方式，它还影响了感知能力和信念。世界各地的新闻媒体

> 所有记者都利用自己的技巧危言耸听，这是他们使自己能吸引人的方式。
>
> 芮德尔勋爵
> （Lord Riddell）

反映的都是自身所属文化的世界观，事实就是这样。这不仅因为那些在新闻媒体行业工作的人和他们的受众有相同的视角，也因为他们需要向在这种文化背景下的人们出售其想购买的东西。他们需要以让受众满意和有趣的方式呈现新闻（以增加利润）。在《新闻》（*The News*）一书中，唐尼（Downie）和凯瑟（Kaiser）提出了以下问题：

> 国家电视台削减了新闻报道人员，并关闭了外国报道机构，以降低投资人的成本。他们试图通过生活方式、名人和娱乐节目来减少昂贵的新闻节目，并用耸人听闻的性、犯罪

和法庭故事填满他们低成本、高利润的黄金时段的"新闻杂志"来吸引观众。

任何文化中的主流新闻报道都遵循（通常是无意识的）以下准则。

- "这就是从我们的角度所能看到的，所以这就是事实。"
- "这些事实能支持我们看待这个问题的方式。因此，这些事实就是最重要的。"
- "对读者来说，这些故事是最有趣或最轰动的故事。因此，在新闻中这些故事就是最重要的。"

对任何文化背景的人来说，世界上正在发生的事情的真相都远比人们以为的要复杂。

如果你无法认识到新闻中的偏见，那么你就无法合理地确定哪些媒体信息必须被补充、修正或完全摒弃。这些见解对于成为新闻媒体的关键消费者以及提高媒体分析的能力来说至关重要。

– 值得注意的地方 –

你要留意新闻媒体报道的内容。仔细研究报纸，注意它是如何用积极正面的语言来描述"朋友"，又是如何用消极的语言来描述"敌人"的；注意首页上那些重要的文章是怎样被一些无关痛痒的文章湮没的；注意有哪些重要的世界性问

题正在被忽视或淡化，而耸人听闻的事情却在被着重强调。
想象一下，你会如何重写新闻故事来明确其中的观点或更公
平地呈现问题。让批判性阅读新闻成为一种习惯。你还要注
意电视新闻节目是如何过分简化复杂问题的；留意新闻媒体
如何聚焦于那些耸人听闻的事情，以及沉迷于报道那些观众
认为轰动的（而不是专注于报道那些重要的或有意义的）故
事的；注意新闻媒体是如何营造和助长社会歇斯底里的气氛
的（一般来讲，这种气氛总是围绕性以及被认为是犯罪行为
的内容）。

浏览新闻媒体的策略

- 研究其他视角和世界观，学习如何从多个角度来理解事件；

- 通过多种观点和信息来源来寻求理解和领悟，而不仅仅通过
  大众媒体；

- 学习如何识别新闻报道中嵌入的观点；

- 试着从多个角度看待新闻，在心中重写新闻故事；

- 把新闻故事看作呈现现实的一种方式（将其视作事实和主观
  解读的混合物）；

- 评估新闻报道的清晰性、准确性、相关性、深度、广度和

意义；

- 注意新闻中的矛盾和不一致之处（通常在同一个故事中）；

- 注意一个新闻故事符合谁的利益；

- 注意被隐藏的和被忽略的事实；

- 注意有哪些事情被当作事实呈现出来，但仍存在争议；

- 注意故事中隐含的假设；

- 注意被暗示但未被公开陈述的内容；

- 注意有哪些含义被忽略了，以及有哪些内容被凸显了；

- 注意被系统呈现的观点中，哪些是令人愉悦的，哪些是令人沮丧的；

- 在心中修正那些用非正常的、戏剧化的以及耸人听闻的方式来表达偏见的新闻故事；

- 注意新闻中何时会不恰当地使用社会习俗和禁忌将某件事定义为不道德的。

谨慎选择从电视、广告、电影和网络上得到的信息

群体规范几乎会通过社会上的每一个媒介机构来传播，包括主流电视节目、电影、广告和网络。电视上大部分内容都是肤浅的，大多数电视节目只是为了吸引观

人们既然可以待在家中看言之无物的糟糕电视节目，又何必要选择去外面看糟糕的电影呢？

塞缪尔·戈尔德温
（Samuel Goldwyn）

众眼球和娱乐，而不是挑战思想或教育大众。每天，我们都被侮辱我们智力的信息轰炸着，同时这些信息还试图操纵或影响我们的心理。绝大多数电视节目、电影和广告不是通过灌输简单的情绪化信念（以迎合我们幼稚的思想），就是通过刺激如性或暴力等原始欲望来吸引我们，或者两者兼而有之。如果你说自己不会受到所看的节目的影响，那只是自欺欺人。此外，许多人每天还要花好几个小时上网、观看视频和访问网站，从网络上得到的信息一定会影响你。其中有些内容值得你花费时间，但有些内容其

实是错误的、有误导性的，甚至是危险的。请记住，非理性的人和团体可以通过网络（通常是通过社交网站）对其他人产生巨大的影响。激进的团体能够煽动人们接受他们狭隘的观点。

— 值得注意的地方 —

你要留意你看电视、看电影、上网的习惯。你要留意你花了多少时间看电视，要意识到大多数电视节目的受众是只有 11 岁孩子的智力水平的人。问问自己，如果减少在电视机前的时间，你会利用那些时间去做些什么？问问自己，花在看电视上那么多时间，又得到了什么？请注意你通常选择的节目的类型，思考你观看的节目有什么意义。你通常在接收哪些信息？从现在开始，注意你在电视、电影和互联网上看到的信息。有哪些文化规范受到了鼓励？有哪些禁忌被禁止？什么样的行为被大肆渲染？有多少节目或视频出现暴力行为？有多少这种类型的节目或视频是你喜欢观看的？同时，你也要密切注意你所看到的与你相关的广告。商品是如何寻找到潜在的买家的？又是如何寻找到你的？想想广告商对顾客的看法。保证不要购买你今天看到的任何广告中的商品，除非你在购买前已经进行过认真的评估。识别广告是如何影响人们的，并开始阅读至少一篇与此相关的文章或一本与此相关的书。在网站和网页上搜集资料时，要确定信息源是否可靠。这个网站的任务是什么？隐藏在它背后的目的是什么？

为了支持某种观点，事实是否被歪曲，或是否准确？你需要哪些信息来平衡这一给定的观点？

评判电视节目、广告、电影和网络信息的策略

- 注意那些特别关注暴力的电视节目。比如，"坏人"伤害"好人"的暴力，还有"好人"报复"坏人"的暴力。你认为电视节目中有暴力内容的后果是什么？

- 请注意，大众媒体很少会刻画一个理性的人做合理的事情来推动一个更理性的世界的构建。例如，在"亲密"关系中的非理性行为经常被大众媒体描绘成完全正常的和自然的（比如，"我恨你，但我也爱你！""我恨你，因为我爱你！""如果你不爱我，我会杀了你！"）。

- 寻找质疑现状的其他电视节目。

- 记录你花费在看电视上的时间。思考怎样才能更有效地利用时间？你正在阅读能发展批判性思维的书吗？你接触过什么质疑现状的读物？

- 仔细挑选你要看的电影。多看一些现实主义并且见解深刻的电影，而不是看一些肤浅的好莱坞电影。

- 记录你每天花费在网络上的时间。判断在你所访问的网站上

看到的信息的质量。思考你是如何受到你最喜欢的网站的影响的。

- 留意你的购买习惯。你多久买一次广告宣传的品牌产品？这说明了什么？

- 留意在产品广告中使用的具有性暗示的图片。问问自己，如果我购买并使用这个产品，真的会变得更性感吗？

- 看一部名叫《超大号的我》（*Supersize Me*）的电影。比较一下你在电影中获得的关于麦当劳食物的信息与麦当劳众多广告提供的信息。批判性地看待你在媒体上看到的食品广告，将这些广告提供给你的信息与它们遗漏的信息进行比较（比如，该食物使用了什么食材、食用后对健康的影响等）。

不要被政客们迷惑

以美国为例，政客们希望我们相信，他们深切地关心人民的福祉，他们的行为也是在为人民争取利益。换句话说，政客们只是自称为政治家，但我们不应该相信他们的说辞。林登·约翰逊（Lyndon Johnson）总统说："金钱是政治的乳汁。"如果你思考一下这句话的言外之意，就会明白金钱充斥于政治之中，而非用在保护大众的利益之上，这通常也是政客们钱权相护的操纵之法。思考一下新闻中的这个例子：

> 要成为一名化学家，你必须研究化学；要成为一名律师或医生，你必须研究法律或医学；但要成为一名政治家，你只需要研究自己的利益。
>
> 马克斯·奥雷尔
> （Max O'Rell）

布什政府周四宣布，将要求世界卫生组织对一项对抗肥胖问题的计划进行大幅度修改，并称该计划基于错误的科学证据，超出了联合国机构的权限范畴……世界卫生组织的计划列出了许多可以用来对抗肥胖问题的战略，获得了无数公众健康倡导者的广泛支持，却遭到了一些食品制造商和制糖业的强烈反对。

毋庸置疑，如果要解决肥胖问题，势必要损害食品制造商和制糖业的既得利益，因为它们是导致肥胖问题的主要原因。在这样的情况下，美国的大企业甚至以牺牲公共健康为代价来操控政治。当然，这是金钱影响政治决策的众多例子之一。如果政客们不做那些资助他们的人想要他们做的事，那些资助他们的人就会停止对这些政客的资金供应。而这些政客最关心的就是能否再次当选，以便一直可以拥有权力和威望。在政治中，金句名言、出众的形象和大众传媒都是操纵选民的工具。当然，也有寥寥无几的个例——少数竞选人的职位不是花大价钱买来的，但他们通常是不会当选的。

批判性思考者不会被花言巧语的政客操纵，他们知道政治是怎么一回事。你要留意自己对政客们的看法。你是否很容易相信政客们的话？你多久将他们所说的和他们所做的进行一次比较？

— 值得注意的地方 —

你要注意区分政客和政治家。政客是那些追求权力以增加自己既得利益的人；政治家是那些真正为公众寻求利益的人。政治家愿意发表不受欢迎的观点，并站起来反抗强权组织和既得利益集团。

　　你要留意政客们的可疑言论。看看他们表面上说了什么，再认真思考他们的真实意图，判断他们的做法是否是为了维护他们的既得利益；注意他们表面上似乎在为人民或国家利益服务的同时是怎样追求自己的利益的；你还要知道他们希望你相信什么，以及他们为什么这样做；注意他们是如何过度简化问题来欺骗人们的；注意他们是如何将违背事实的事（他们公然忽视事实）坚称为"真理"的；分析为何尽管如此，人们还是会相信他们。

洞察政客伎俩的策略

- 仔细听政客们的话，并识别他们是如何操纵选民的（例如，使用能强化刻板印象或激起不必要恐慌的言论）。经常问问自己："其中的巨大金钱利益是什么？""什么符合公众利益？"注意，政客们很少为了公众利益而行动。
- 牢记政客们的既得利益是什么，这使你能够预测他们的行为。
- 学习政治和历史，广泛阅读不同来源的资料，以确定多年来政治行为的重复模式。其中哪一种模式在今天更普遍？
- 注意政客们在多大程度上固守着肤浅的、过分简化的观点。有深度的观点是无法只通过金句名言来表达的。

不要成为责备者

没有哪种情形比放弃复仇，敢于宽恕别人的伤害更能彰显人类灵魂的坚强和高贵。

E.H. 查宾

（E.H. Chapin）

有人花费很多时间去寻找别人的错处并责备别人。人们总是很自然地责怪别人，却很难对自己的行为承担全部责任。例如，人们在婚姻中经常互相指责，比如，"你就是这样做的！""不对，是你先这么做的！"这种宽己严人的做法是因为双方都认为对对方来讲退让和包容是理所当然的。人们也经常责怪父母的非理性行为。但事实是，很少人的童年能不留下任何情感创伤。所有的父母都会犯错，只是有些父母犯了重大的错误，给孩子留下了情感创伤。作为一个发展中的思考者，你要为自己负责，要为你将要成为的人负责。因此，你需要识别自己的情感包袱并摆脱它。如果你一直生活在痛苦中，并不断责怪你的父母，把自己当作受害者，那就会导致抑郁和怨恨。你是有选择的，你可以通过控制你的思维（以及你的感受和需求），成为你想成为的人，成为你生活的创造者。你可以始终专注于重要的事情，不再把过错归咎于父母。

> **－ 值得注意的地方 －**
>
> 　　你要注意任何自己要责备他人的倾向。别人责怪你，你却推卸责任的原因是什么？你会在别人责怪你之前责怪他们吗？这个问题是否严重到了需要互相指责？这段关系中，是否隐藏了什么事，导致了不合理的指责？如果你经常因为小过失而责怪你的伴侣，试着对自己每次这样的行为产生觉知。如果你因情感创伤而责怪父母，问问自己这样做会得到什么。不要把注意力集中在你认为父母对你造成的情感创伤上。过去的已经过去了，现在和未来才更加重要。每当你发现你在为自己的失败而责怪别人时，请提醒自己，你可以决定自己成为什么样的人。你要做的是活在当下，重新塑造自己。真正阻挡你的只有你自己，也只有你自己才能停止这种求全责备的不健康的生活方式。

为你自己负责的策略

- 如果你习惯因为一些无关紧要的事情而责怪你的伴侣，问问自己为什么。是什么导致了这种消极情况的出现？这段关系出现问题了吗？你们俩是不是在渐行渐远？在这个阶段，你们是否无法和睦相处？面对现实和真相总是最好的解决方法。

- 注意你何时在为自己而非别人所做的事情而责怪他人。例如，如果你指责自己的妻子有婚外情，那是不是你才是那个真正有婚外情的人呢？你要仔细辨别自己的想法中到底隐藏了什么，不要让自己逃避责任。

- 如果你真的认为有什么重要的事情需要责怪你的父母，那就去把它写下来，并写下这件事对你造成了多大的伤害。这样可以确保你能区分事实和想法。想法可以引发自我实现预言——相信自己受到了伤害，可能真的会给自己造成伤害。例如，如果你认为是你的父母剥夺了你接受高等教育的机会，那你可能就不会再去追求接受高等教育，以此来报复你的父母。

- 整理好你的消极记忆清单后，请仔细阅读它。然后问问你自己，你执着于这些消极的记忆能获得什么。作为一个成年人，你需要生活在过去吗？你真的像一个小孩子一样无法改变自己的处境吗？你已经成为消极记忆的奴隶了吗？为什么不把注意力放在自己能做和能控制的事情上呢？

- 把你用来责怪别人的时间和精力放在那些能够带来成功的事情上，从而产生积极的情绪。例如，你能从你父母所犯的错误中学到什么呢？你能做些什么才能与他们不同，才能比他们更聪明、更公正、更富有同情心呢？你能做些什么让自己对自己的决定和行动负责？

- 列出你的父母为你所做的所有牺牲，以及他们日常为你所做的所有事情。然后问问自己，你是否对他们的善意之举给予了足够多的赞扬。许多父母理应得到比目前儿女给予他们的更多的赞扬，尽管他们犯过一些错误。当你看望父母或给他们打电话时，不要总是想着过去。如果有必要，请把你的父母当作你新认识的人，观察他们当下的举动。如果你的父母仍在继续做那些你认为对你有害的行为，也许你需要和他们保持距离，也许你需要离开他们，独自生活。但不管怎样，你都要积极行动起来。

- 列出你的伴侣为你做过的事情或为你做出的牺牲。你需要致力于合理地解决问题，而不是与伴侣互相指责。如果你的伴侣经常因为你的小毛病或小过失而责怪你，也请考虑这段关系对你来讲是否健康。

夏威夷有句古老的谚语："要么你掌控生活，要么让生活侵蚀你。"只有你才能决定自己接受哪一种可能性。

不要做正义审判者，要展现你的宽容

我们让上帝来怜悯众生，自己却无半点怜悯之心。

乔治·艾略特
（George Eliot）

我们大多数人都认为，如果其他人像我们一样思考，这个世界将会更美好。记住，我们天生就会认为自己的想法是正确的。当人们不像我们一样思考或行动时，我们往往不能容忍。我们经常希望看到人们因为与众不同而受到惩罚（当然，我们不会承认这一点）。同情、宽容和理解是罕见的。虽然大多数人对自己的家人和亲密的朋友充满同情心，但很少有人对那些想法和行为与自己不同的人表现出同情与宽容。

— 值得注意的地方 —

你要留意向他人展现宽容的机会，对他人表示理解、同情和宽容。想象一下，一个到处充满宽容和同情的世界是什么样的。

注意你周围的人在多大程度上喜欢把惩罚和痛苦作为对"离经叛道"行为的合理回应；也要注意你在多大程度上也是这样做的。当你阅读报纸时你会注意到，经常尽管只有犯罪者受伤了，他也会被施以惩罚。

想一想惩罚是多么频繁地走向了极端（从而造成人类痛苦）。比如，"三振出局"的法律、把孩子当作成人的做法，以及"罪行同成年人，与成年人同罚"的法律（旨在对犯有严重罪行的儿童判处和成年人罪犯一样的刑期）。同时，你还要熟知其他国家（例如，芬兰）成功让罪犯尽快回归有意义的社会生活，使惯犯比例降低的方法。你需要思考如何在不施加极端惩罚的情况下处理文化方面的问题。

表现同情和宽容的策略

- 当你认为某人应当因自己的行为而遭受惩罚时，可以停下来问问自己是否还有其他更好的处理方法。例如，在很多情况下，允许他人改过自新难道不比把他们关进监狱更好吗？
- 当你认为自己绝对正确，并断定别人的行为不堪忍受时，问问自己："有哪些证据可以支持我的观点？我怎么知道自己是对的呢？有可能是我错了吗？是我不够宽容吗？"

- 识别那些你发现自己最缺乏怜悯心和宽容心的情况。你认为在什么情况下人们应该受到惩罚，而不是获得帮助？你的结论是基于什么得出的？

- 考虑一下社会条件对你从多个角度看待事物的能力所产生的影响。你所处的文化在多大程度上鼓励你宽恕或仁慈？你所处的文化在多大程度上鼓励你对"恶人"进行报复、谴责和惩罚？你在多大程度上不加批判地接受了你所处的文化所鼓励的正义但无情的观点？

不要把时间花费在担忧上

许多人在生活中都只是一味担心问题，而不去积极解决问题。他们经常被自己不能左右的问题困扰。此时，请思考一下这首简单的《鹅妈妈》童谣中的智慧吧！

担忧是在麻烦解决前支付的利息。

W.R. 英奇

（W.R. Inge）

阳光下的每一个问题，

它们的解决方法或有或无。

如果有，就去寻找；

如果没有，就放手吧，不要烦恼。

人们很少能听从这个童谣中明智的建议。其实，你要做的就是当你面对一个问题时，尽你最大的努力看看能否找到解决办法，放手去探索无限可能性。如果你确定你不能解决这个问题，那也不要烦恼，担忧或被一些你无法控制的事情困扰，只会让你感到痛苦。你需要意识到如果你只是担心，而不是积极寻找解决方案，那你的大脑正在让你失望。你要迫使自己付诸行动，看看自己有哪些选项，并把精力放在寻找最佳选项上。如果在目前的情况下你无法做到，那就顺其自然，把注意力转移到一些更有意义的事情上去。

> ― 值得注意的地方 ―
>
> 　　你要留意自己一味担心一些问题，而不是采取行动来解决这些问题的时刻；关注自己感到忧虑，却表现得若无其事、十分平静的时刻。当你担忧时，注意你体验到的负面情绪；注意他人何时会担忧，却不采取行动，而是把精力浪费在闹情绪上。当你开始担心时，不妨想想《鹅妈妈》中的智慧，采取行动解决问题。如果不能解决问题，那就顺其自然吧。
>
> 　　担心永远只会降低你的生活质量。

不把时间花费在担忧上的策略

- 对于每一个难以处理的问题，请按《鹅妈妈》童谣中说的做。你可以问问自己：
  - 问题到底是什么呢？
  - 什么是我的选择？在我的能力范围内，存在能解决问题的方法吗？我已经试过所有可能解决问题的方法了吗？我已经考虑过所有的选择了吗？

- 如果这是一个我无法解决的问题，或者我已经试过了所有的解决方法，那我是否可以放下这个问题？我是否依然为这个问题担忧？如果是，为什么呢？
- 列出所有你担心的问题，然后按上面的问题依次问自己。
- 列出你曾经担心过的所有问题以及担忧的结果。你的担忧在多大程度上有助于解决问题？你担忧的后果是什么？这些问题中哪些是你可以通过积极的思考来解决的？
- 抓住一切能够发挥主观能动性的机会。当你处于麻烦中时，不要任由你的精力被无意义的担忧和困扰消耗。相反，无论何时，你都要积极采取行动。你要有效地将自己的精力利用起来。
- 假设你已经尽自己最大的努力去思考一个问题了，但依然无法解决它。这时，请你注意，你的大脑是否开始为此担忧了。你需要立刻用有意义的思维对此状况进行干预，提醒自己想一想《鹅妈妈》童谣，并重新思考当下的状况。可能的话，请挖掘出你曾忽略的相关信息，专注于行动，做一个实干家，不要做自寻烦恼的人。

做一个 "世界公民"

如果说爱国主义是 "无赖最后的避难所"，那不仅仅是因为恶行能够以爱国主义的名义实施，还因为爱国热情可以抹杀道德。

拉尔夫·巴顿·佩里
（Ralph Barton Perry）

在大多数国家，人们普遍都以维护国家利益的方式进行思考。人们通常认为："我们是最好的。""我们是居于首位的。""我们代表正义、真理和自由。""如果那些国家不同意我们的观点，它们就是错的。如果它们反对我们，它们就是我们的敌人。""我们有时会犯错，但我们总是出于好意。那些反对我们的人通常都抱有非理性的，甚至是邪恶的动机。他们嫉妒我们。"……当这种病态的思维方式以一种文化形式被呈现时，就被称为 "民族中心主义" 或 "社会中心主义"。这种思维普遍存在，而且具有破坏性。在 W. G. 萨姆纳（W. G. Sumner）的书《民俗论》（*Folkways*）中，民族中心主义的问题如下。

任何形式的群体都要求每个成员协助捍卫群体利益。群体力量也会被用于强制群体成员履行对群体利益的奉献义务。因此，辨别是非被摒弃，批评被压制……爱国式偏见是公认的思维扭曲现象，而我们的教育本应保护我们避免出现这样的思维。

如果我们要创造一个为全球绝大多数人伸张正义的世界，那我们就必须成为世界公民。我们必须谴责民族中心主义，我们必须以全球而非某一国家的视角来思考。我们必须有长远的眼光。我们必须反对追求狭隘的一己之私或团体利益。

－ 值得注意的地方 －

人类的生存和福祉在很大程度上取决于人与人之间是否能顺利、高效地合作和互相帮助。然而，民族中心主义的问题在世界范围内普遍存在。人们从小就认为自己的国家或群体比其他国家或群体更好。他们倾向于偏爱他们所属的群体，这是人类思维的一种自然倾向，在大多数文化中都是如此。你只需做一些简单的研究（例如，阅读报纸、新闻、历史书籍等），就可以轻松发现人们把自己的国家描述为世界上最好的国家的频率有多高。你还要注意媒体是如何塑造这一形象的（比如，有些国家声称要关心其他国家，而其真正动机往往是为了保持某种特定形象或实现某种自私的目标）。

成为"世界公民"的策略

- 对一些政治动机和政治行动提出质疑；不要被情感因素影响，要根据正确的价值观做出判断；支持与既得利益无关的国际团体发展。
- 当你学习从全球的视角来思考时，请注意你的观点的变化。
- 以一个全球性问题为例，例如，全球变暖、营养不良、疾病或人口过剩，并尽可能从多种国际资源的角度分析问题。然后，看看自己的国家正在为解决这个问题做些什么。你能发现什么？

采取行动，让世界变得更美好

你只需要环顾四周就能看到世界上的诸多问题，这些问题主要是由人类引起的。批判性思维的目的是改善我们在个人生活和人际关系中的思考方式和行为方式。作为一名批判性思考者，你肯

> 你会发现，只要下定决心不再无所事事，真诚地希望帮助别人，你就会以最快、最微妙的方式得到提高。
>
> 拉斯金
> （Ruskin）

定希望提高所有人的生活质量。当你进行批判性思考时，你会了解该如何对待他人和与他人交往。你可以通过多种方式为一个更加公正和理性的世界做出贡献。从道德的角度来看，我们每个人都有义务帮助那些无法自助的人。我们每个人都有责任尽己所能提高人类和容易遭受痛苦、折磨的其他生物的生活质量。

– 值得注意的地方 –

你要尽力改善地球上生物的生活质量。列出你目前为他人的生活或地球的健康所做的所有事情。注意你周围的人在

做什么。你周围的人是在为一个更公正的世界做出贡献，还是主要为自己服务？列出一些你可以做的其他事情。思考如何在自己的日程安排或生活中加入一些新的东西来为世界做贡献。如果你的空闲时间不多，可以考虑在经济方面贡献自己的力量。总之，要做点什么。

为更公正的世界做出贡献的策略

- 仔细选择一个以创造更好的世界为目标的有组织地做出贡献的团体。许多团体在为正义、改善人们的生活环境以及减轻他人痛苦而奋斗。你可以从你所处地方的团体、国家团体和国际团体中进行选择，挑选一个并参与其中，即使只是寄些钱给这些团体也要做点什么。

- 评估自己的影响力，并利用这种影响力去帮助他人。例如，你能提高和你一起工作的人的生活质量吗？那和你一起生活的人呢？尽你所能努力创造一个人们彼此帮助的环境。注意你为他人付出了多少，又从他人处得到了多少。

- 发现自己的优势，并利用这些优势以任何你能够做到的方式做出贡献。如果你擅长写作，那你可以给新闻编辑写信。如果你有其他特殊的天赋，请利用它们为创造一个更好的世界做出贡献。无论贡献多么小，都很重要。

- 最重要的是，要广泛阅读并批判性地深入研究一系列关于世界问题的书籍。你可能会惊讶地发现，之所以存在那么多的世界问题，正是因为贪婪、自私的人和既得利益者支配着世界资源。

- 努力改善有感知能力的生物的生活。注意人们是否频繁地利用其他生物来满足自己的利益。看看在你所处的文化中，人们是如何对待动物的。研究一下这些动物的生活条件，睁大你的双眼继续观察，让事实而非你想要相信的东西来引导你的解释和推论。

观察你在各个阶段的发展

> 生活就像演奏小提琴，要一边演奏，一边不断摸索和学习。
>
> 塞缪尔·巴特勒
> （Samuel Butler）

关于批判性思维，很多人这样认为：你要么是批判性思考者，要么不是。但这种观点是具有误导性的。请记住，我们所有人都会在某种程度上进行批判性思考，但有时我们又都无法做到这一点。我们的思维质量是不断变动的，我们每个人在生活的某些方面的思考质量都比在其他方面更高。我们可能既是批判性思考者，又是非批判性思考者。你的目标应该是在变动中缓慢却坚定地前进。你越认真地思考，你的脚步就越快，走的路就越远。

我们可以分阶段来看待思维质量的变动，这可以使我们在进步的过程中找到标志物，帮助我们顺利进入下一阶段。图 2–3 是我们将批判性思维发展阶段概念化后的说明。

终极思考者
理性思维已成为自己
第二天性的思考者

高级思考者
致力于终身实践，
并开始内化理性思维的
思考者

实践型思考者
定期练习并获得
进步的思考者

初级思考者
希望提高，但缺乏
系统练习的思考者

受挑战的思考者
在思考过程中面临
重大问题的思考者

不自省的思考者
意识不到自己思维中存在
重大问题的思考者

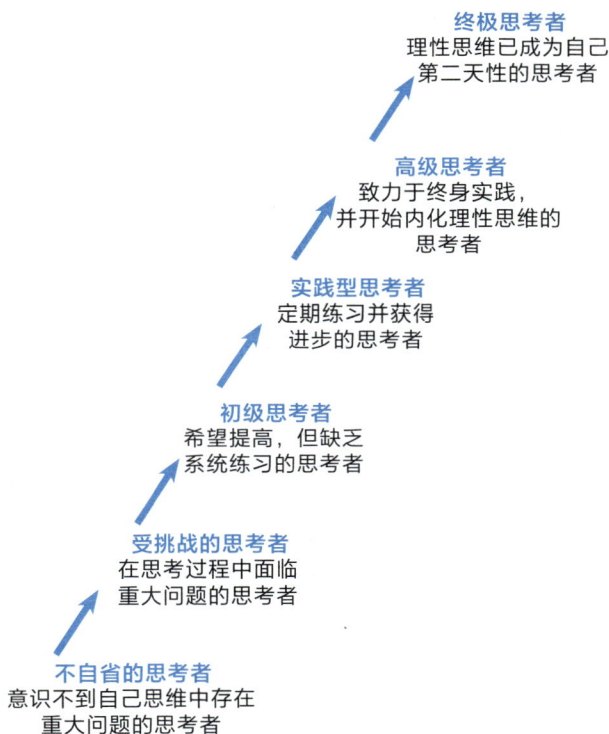

图 2–3　批判性思维的发展阶段

　　在第一个阶段，不自省的思考者并没有意识到他们的思想需要指导。他们思考，然后按照自己的想法采取行动，几乎没有察觉到自己的思考可能会造成问题。他们不知道思维往往有缺陷，因此需要以一定方式进行干预。从某种角度看，大多数人一生都是不自省的思考者。

　　在第二个阶段，受挑战的思考者通过某种方式了解到批判性思维的本质，继而产生了不安的情绪，意识到自己的想法可能有问题。在这个阶段，人们开始考虑更好的生活方式的可能性，但他们不知道如何迈出第一步。

当人们接受挑战，开始审视自己对问题的思考方式时，无论表现得多么不完美，他们都进入了第三个阶段，即初级思考者阶段。在思维发展的这个阶段，由于人们缺乏系统学习，因此无法预测自己的进步。人们开始内化一些重要的批判性思维概念和原则，但对这些概念和原则依然只有肤浅的理解。此刻人们意识到，想要发展，还有很长的路要走。

当人们制订发展计划，并依照他们的发展计划行动时，比如，阅读这本书并在很长一段时间内练习使用其中的方法，就达到了实践思考者阶段。在这个阶段，人们在他们的生活中开始感受到积极的反馈。他们不再那么脆弱，易受他人伤害，不再那么需要他人认可才感觉良好，也不再那么想要控制别人了。他们系统地研究自己思想中的病态之处，正在成长为富有道德的推理者。

高级和终极思考者很少见，因为达到这一阶段需要经过多年的坚定实践。处于这个阶段的人以较低思维阶段的人无法想象的方式掌控着自己的决定和生活。他们实现了自我，过着有道德的生活。他们是公正的思想家，在生活的各个领域都体现了理性美德。

你要认识到人们的大脑永远有自欺欺人的本能倾向，可以随时阻碍你成为一名思考者。即使是高级或终极思考者，也经常自欺欺人，但随着人们变得更加自律，并致力于过一种经常审视自己的生活，天生的病态思维的影响力就会减弱。在我们与成千上万的人接触的工作过程中，我们看到很多人达到了初级甚至是实践型思考者阶段，但他们在生活的许多方面却又倒退为不自省的思考者。

人们并不认为批判性思维与生活的所有领域都相关且很重要，而是倾向于选择性地使用他们的批判性思维。例如，你可能会在你的工作中相当熟练地运用批判性思维，但在亲密关系中却很少使用。批判性思维的发展阶段告诉我们，我们应该在生活的所有领域使用批判性思维，而不仅仅在一个或几个领域。

你的目标应该是尽可能发展到终极思考者阶段。从今天开始，你可以经常问问自己，你此时此刻的想法对应批判性思维的发展阶段中的哪个阶段。你是不是还没有自省，就已经遇到了挑战？你接受挑战了吗？你是否处于初级思考者阶段，开始内化并有效地使用批判性思维？你是否处于实践型思考者阶段，是否有为自己的发展制订持续的战略性、系统性的计划？

> **— 值得注意的地方 —**
>
> 在任何阶段，自欺欺人都会阻碍你成长为批判性思考者，会让你为自己没有尽可能认真地思考问题寻找借口（将此行为合理化）。观察别人的行为，判断他们大概处于什么阶段。

跨越阶段的策略

- 认真对待自己的发展问题。尽可能多地了解每个阶段，并设想自己每天都在进步。制订一个从初级思考者阶段到实践型思考者阶段的计划。

- 理解理性的谦逊对日常生活中批判性思维发展的作用。如果没有理性的谦逊，你会认为你知道的已经足够多了，并认为你的思维没有什么大问题。因此，作为一个思考者，你就不会有进步。

- 无论你认为自己达到了批判性思维发展阶段的哪个阶段，都让自己回到前一个阶段。傲慢是批判性思维的敌人之一，即使你积极地对抗它，它也会以许多微妙的方式阻碍你成长。

- 坚持实践批判性思维的计划，随着时间的推移，你的思维会发生改变。

- 弄清楚如何使这本书成为你长期发展计划的一部分。你是否还记得我们建议你每次用一周而不是一天的时间专注于每个理念。现在你应该明白原因了。这本书中有多少理念已经被你深深地内化了？其中有多少是你每天都会用到的呢？如果你更认真地实践某些理念，你的生活相比目前会有什么不同呢？

进行自我教育

虽然很多人都完成了多年的学业，包括本科和研究生阶段的学习，但从严格意义上讲，很少有人真正接受了教育。为什么呢？因为很

> 从严格意义上讲，人只有在接受教育后才能被称为人。
>
> H. 曼恩
> （H. Mann）

少有人学会了该如何去学习有意义的理念。他们并不是终身学习者。相反，他们先是形成了"信仰体系"，然后用余生去捍卫这种体系。他们的思维几乎没有什么发展，他们不会拓展自己的视野。就他们的发展而言，他们倾向于以某些狭隘的或死板的方式（比如，学习某些技能只是为了在工作中更成功，或者为了培养爱好而去学习）发展。他们缺乏一个受过教育的人所特有的理性技能和特征。

1852 年，约翰·亨利·纽曼（John Henry Newman）开展了一系列关于教育的讲座，这些讲座的内容后来被汇编入《大学的理念》（*The Idea of a University*）一书中并出版。在这本书中，他描述了设计精良的教育对学习者思维的影响。

理智的人能够完美发挥自己的力量，当其了解信息时会努力理解和思考，会从大量杂乱的事实和事件中发展出灵活推理的能力。理智的人没有偏见，不排外、不冲动、不迷茫、有耐心、镇定且冷静。因为他们能看到每个开端的终点、每个终点的起源……他们永远知道自己所处的位置，也知道从一处到另一处的路径。

在这本书中，我们已经介绍了受过教育的人需具备的一些技能和特征，也已经阐述了该如何开始。要想进行更深层次的学习，你需要采取积极的学习方法，意识到教育贯穿人的一生，而不仅仅是在校期间，而且只有坚定不移地实践，才算真正的学习。你需要了解终身学习的过程，并始终贯彻。

- 值得注意的地方 -

思维的塑造应被置于个人价值观的核心位置。你可以开始制订一个关于自我终身发展的计划。研究一下你自己的行为，揭露行为中的矛盾和不一致之处；也研究一下他人的行为，观察人们是多么频繁地把无知当作"有知"，以及多么频繁地表现得专制、武断。你要看穿名流和有社会地位的人的浅薄，看穿盛况与仪式的本质。你要确保每天都通过阅读经典、新思想的书籍和文章来学习一些重要的东西。你要认识到对新思想的深度学习、新思想与已经内化的思想相融合，对过上理性生活来说至关重要，也是一个人受过教育的证明。你还要经常反思重要的想法，抓住机会与追求提升自己思维水平的人在一起。你可以创建一个书屋，把过去和现在世界上最优秀的思想家的作品放进去，然后遨游在书海里。

关于自学的策略

- 广泛阅读。每天读一些能让你获得知识和开阔思想的书籍，特别要关注伟大的文学作品和伟大思想家的作品。了解历史上不同政见者的观点。阅读建议请参考本书附录二。

- 成为你自己的历史学家、社会学家和经济学家。如果你缺少历史学、社会学和经济学的广阔视角，就不能算真正受过教育。想要理解世界上真正发生的事情，你需要研究随着时代变迁而产生的人类行为变迁，并弄明白人类的行为模式及其含义。这意味着，阅读多样化的历史资料有助于你更加客观地看待世界。理性的世界观使你能够更客观地评价国际新闻和非理性的社会实践。你将对自己有越来越深刻的认识。

- 掌握批判性思维的原则，以及理性思维训练和发展的核心方法。

第 30 天

想清楚何去何从

正如洛克所观察到的，学习的主要方式是每次进行一点新的尝试。

约翰逊
（Johnson）

现在，你已经了解了 29 个简单但强大的理念。如果你想继续发展，那你需要决定自己往哪个方向走。许多策略可以帮助你提高你的生活质量，但有一件事是肯定的：如果你不进行下一步，那就永远没有下一步了。你会像一根被拉伸的橡皮筋一样，失去了外力后就恢复到原来的状态。你会像之前一样根据自己无意识吸收（但缺少谨慎思考）的信念来行动。

记住，大脑只有在自己的掌控下才是自由的。也就是说，你的大脑应该控制着你的思想、你的感受、你的需求和你的行为。你能控制住自己的大脑吗？当你成为自己大脑的主宰者时，你会使用理性思考的技巧来决定接受哪些想法、拒绝哪些想法、认真对待哪些想法，以及忽略哪些想法。你能认识到人天生就有自私的倾向，你会用公平的思维和行为对其进行干预；你能认识到人天生就有思维固化和封闭的倾向，因此，你会尝试从多种角度去看待事物；你能认识到大脑天生就有从众的倾向，所以你可以仔细地审视自己的群体行为，以分辨自己何时何地倾向于盲目服从。

你只有在制订并不断修改发展计划时，你才能掌控自己的思想。否则，你大脑中的自我中心倾向和社会中心倾向会让你回到自己的舒适区。它们会把你困在你无意识养成的思维习惯和心理习惯中，也会把你困在需要质疑的想法中。你要意识到，你获得准确指导你行为的唯一方法，是利用那些你有意识地、谨慎地在大脑中发展出的理性原则和技能。因此，你要制订自己的前进计划。从今天起开始实践它，并且每天都要重新审视它。

> **— 值得注意的地方 —**
>
> 你要制订自我发展的下一步计划。列出一张你计划在未来几个月要读的书的清单，了解如何继续发展你的批判性思维能力，继续每天写日记，搜寻并经常阅读从不同角度报道的新闻和发表的观点。
>
> 记住我们之前的建议。也就是说，在你完成 30 天计划之后，你要为自己制订一个 30 周计划，每周而不是每天专注于一个理念。如果坚持这样做，你就会加深对每个理念的理解。

> 每个重要的理念都与其他重要的理念有着千丝万缕的联系。
> 强大的理念因彼此间的重要联系而更加强大。每周更换你的
> 学习重点，你的领悟能力将会因此倍增。

最糟糕的计划是没有计划，这会导致执行力降低。记住，顺从大众观点的压力在你的一生中都是有增无减的。你内心以自我为中心的倾向总是会对你产生一些影响，而成为真正的自己的计划则会推动你不断前进。每天都是崭新的一天，每天都拥有重新开始的机会。你自己才是你思维成长的关键，不要让任何事、任何人阻止你实现这个目标。

采取下一步发展步骤的策略

- 研究其他关于批判性思维内容的书籍，比如，《思辨与立场》（*Critical Thinking*）以及"思想者指南系列丛书"（*Thinker's Guide Library*）。
- 承诺每天（或每周）去学习和实践一个重要的新想法。
- 继续探索本书中的理念，记录下你的想法。
- 每天留出一定的时间进行思维培养，确保这段时间你是平和、安静的。你要意识到，如果你不愿意为培养批判性思维挤出时间，那就证明你没有真正致力于个人发展。

名词术语解释

　　本附录中的术语都是关于批判性思维的重要概念，仔细阅读这些概念可以帮助你更深入地理解这本书的内容。请注意术语之间的关系，将它们整理成一个概念网络，当你深入理解并整合它们时，你的生活会因此得到改善。

　　准确性（accurate）　准确性是针对不存在错误、误解或歪曲的问题来说的。准确性是一种重要的理性标准，也是批判性思维的一个重要目标。然而，想要实现它却通常存在程度上的问题。我们能在多大程度上达到"准确"这一标准取决于当下的问题和条件（以及我们满足这些条件的程度）。批判性思考者会努力准确地阐述他们自己和他人的观点。

　　假设（assumption）　假设的含义包括没有证据或尚未被证明就接受或假定为真实的陈述；一种未阐明的前提或信念；一种被认为是理所当然的信念。我们所说的"假设"是指以"我们认为理所当然的事实"为基础来发现其他事。因此，如果你因为一个候选人是共和党人，就推断他会支持平衡收支的政策，那么你就是在假设所有共和党人都会支持平衡收支的政策；如果你因为新闻报道将一个外国领导人描述为我国的"敌人"或"朋友"，就断定他是敌人或朋友，那么你就是在假设新闻报道对这个外国领导人的描述都是准确的；如果你推断某人在派对结束后邀请你去他的公寓"继续有趣的谈话"是想与你建立浪漫的关系，那么你会假设所有人在派对结束后邀请你去他的公寓都是想与你建立浪漫的关系。

人类所有的思想和经验都是基于假设的。我们的想法总是有一个起点，我们通常意识不到自己的假设，因此我们很少会质疑自己的假设。人类思想中的大部分错误都是源于不加批判或未经检验的假设。例如，通常我们体验世界的方式是，假设自己正在观察事物原本的样子，假设自己对世界的看法没有受到不加批判或未经证实的观点的影响。经验丰富的思考者能意识到他们所做的假设，可以基于当下情况和证据做出合理且无可非议的假设，而且他们经常判断自己是否在某些情况下"想当然"；无经验的思考者通常意识不到自己所做的假设，他们经常做出不合理的假设或相互矛盾的假设，并对自己的假设熟视无睹。

清晰性（clarity） 清晰性的含义是用一定方法使理解更容易，使表达免于含糊，并消除隐晦，阐明问题。"清晰性"是一个基本的理性标准，而"阐明"是批判性思维的一个基本目标。人们常常不知道为什么清楚地写和说非常重要，也不知道为什么能准确表达自己的确切意思很重要。"阐明"的关键是精确地陈述和表达一个人的真实意图，以及提供具体的例子。

概念（concept）　概念是指一种想法或理念，特别是对一种事物或某类事物的广义理念。人类基于概念或想法进行思考。概念是能使我们识别、比较和区分自己的思维与经验的理性结构。每门学科都发展出了一套专有的概念和词汇，以便让人们在学科中发展思维。例如，要理解"道德"就要依赖于一系列概念性的词汇。因此，如果你对正义、公平、善良、残忍、权利和义务等概念没有清晰的理解，就无法理解道德。每一项运动都有自己的一套概念词汇，这些词汇可以使那些对某项运动感兴趣的人能够理解它。除非我们能够控制我们表达思想时的概念或理念，否则我们永远无法控制我们的思想。例如，大多数人重视教育，但只有较少的人拥有合理的或先进的教育观念。很少有人清楚教育、培训、社会化和灌输之间的区别，因此他们会混淆这些截然不同的概念。例如，很少有人能够区分学生何时是在接受知识的灌输，何时是在接受教育。这种混淆与一个事实相关，即很少有人能清楚地描述出"受过教育的人"有什么技能、能力和理性特征。而批判性思考者则能将术语中隐含的概念（在经过充分研究的词典中发现的概念）与特定社会群体或文化中与该概念相关的心理联系区分开来。未能发展这种能力是人们盲目接受社会定义的主要原因，这往往会导致社会的不公正。例如，美国历史与清教徒文化渊源颇深，许多美国人对性抱有一种清教徒式的态度。他们不加批判地接受了清教徒文化的大部分规则（这些规则规定了人们可以与谁发生性关系以及在什么条件下发生性关系）。而事实上，他们是受到了社会对性的概念化的束缚。他们没有认识到还有许多同样合理的看待性的方式。他们根本没有将"性"视为一个概念，相反，他们把自己对性的看法和其所属文化联系起来，认为"事实就应该如此"。如果你想更深入地理解这一点，可以看看整个人类历史中不同文化里在性行为方面哪些是"被允许的"，哪些是"被禁止的"。

经验丰富的思考者了解自己和其他人使用的关键概念和理念，能够解释自己使用的关键词和短语的基本含义，能够区分词汇的特殊用法、非标准用法和标准用法，能意识到哪些概念是无关紧要的，能根据概念和理念的作用来选择使用方式，并深刻思考他们所使用的概念。无经验的思考者对于他们自己和其他人使用的关键概念和理念并不了解，无法准确解释他们使用的关键词和短语的基本含义，无法识别他们使用的词汇何时偏离了正确的用法，自己何时以不适合主题或问题的方式使用概念，不会对自己使用的概念进行深入思考。

相信理性（confidence in reason）　相信理性是一种根深蒂固的信念。从长远来看，最大限度地发挥理性才能更好地为自己乃至全人类的更高利益服务；鼓励人们通过发展自己的理性能力来得出自己的结论是构建批判性社会的最佳途径。尽管人类思想和社会的固有特性中存在着根深蒂固的障碍，但要相信在适当的鼓励和培养下人们可以学会独立思考，形成理性的观点，得出合理的结论，也可以连贯而有逻辑地思考，通过理性说服彼此，变得通情达理。对理性的信心是日积月累建立起来的。人们通过理性获得洞察力，用理性解决问题，用理性说服别人，并被理性说服。而当人们在不了解原因的情况下执行任务，在没有证实或证明合理性的情况下就得出结论，仅因权威或社会压力而不得不接受一些信念时，对理性的信心就会被削弱。

批判性（critical） 批判性的含义包括惯于评判，甚至是吹毛求疵和挑剔；惯于仔细判断或观察；为人谨慎、守时，惯于批评或善于批评；了解危机的性质；决定性的、关键的、重要的、必不可少的。

与批判性思维相关的"批判性"一词有许多种特殊的用法，当然，这个词也有一些用法与批判性思维不相关。其中一种不相关的用法是指人过度将精力放在寻找错误上，却没有有效地处理这些错误。这种用法与术语"愤世嫉俗者"或"悲观主义者"相关，这些人习惯性地发现生活的阴暗面，却很少去寻求解决问题的方法。

与批判性思维相关的"批判性"一词的用法则侧重于谨慎地判断与评价，以及重要地、关键地批判。

批判者（critical person） 批判者是指掌握了一系列理性能力，并体现出理性特征或美德的人。如果人们使用批判性思维技能主要是为了获取私利，那他们只是不合格的批判者。但如果人们能公平地使用理性技能，经常以共情的方式去审视他人的观点，那么他们就是具有强感知力的批判者。当然，培养批判者总是存在一些问题，因为没有人永远都是"理想的思考者"。

批判性社会（critical society） 批判性社会是指一个会系统地培养批判性思维，也会系统地鼓励反思性质疑、独立思考和对合理的异议进行评判的社会。理想的批判性社会是：独立的批判性思维在人们日常生活中处处得以体现的社会。著名的人类学家威廉·格雷厄姆·萨姆纳明确地阐述了这一理想。如果批判性思维在一个社会中很常见，那它将渗入这个社会的所有习俗，因为它是解决生活问题的一种方式。如此，受过教育的人不会被能说会道的演说家迷惑，也不会被愚蠢的演说词欺骗，他们不会草率地相信，相反，他们会尽可能对事物保持不同程度的不确信的态度，不会信誓旦旦，也不会痛苦挣扎。他们可以等待证据，并权衡证据，而不受一方或另一方的断言的影响。他们可以抵御内心深处顽固偏见的影响和形形色色的恭维。批判性思维能力的教育是唯一可以真正被称为造就好公民的教育。

在批判性思维的良好习惯在我们的社会传播开来之前，学校作为社会机构将不加批判地向学生传播盛行的世界观，并将其作为现实，而不仅是对现实的描述。批判性思维教育要求学校和教室成为批判性社会的缩影。批判性社会目前还不存在，因为批判性社会仅在具备以下条件的情况下才能出现：

- 批判性思维被认为是过上理性和公平生活的关键；
- 批判性思维是需要定期教授和持续培养的；
- 质疑意识是一个需要长期关注的问题；
- 系统性地抵制思想封闭，系统性地鼓励思想开放；
- 理性的诚实、理性的谦逊、理性的共情、相信理性和理性的勇气成为人们的社会价值观；
- 自我中心思维和社会中心思维被视为社会生活的罪魁祸首；
- 儿童经常被教导他人的权利和需求与自己的权利和需求是平等的；
- 培育一种多元文化的世界观；
- 鼓励人们进行思考，不倡导不加批判地接受他人的想法或行为的做法；
- 人们经常研究非理性的思想，并尽量减少出现非理性的思想；
- 人们内化了普遍的理性标准。

批判性思考者（critical thinker） 批判性思考者是那些始终试图过上理性的、公正的和经常自我反思的生活的人。批判性思考者能敏锐地意识到人类思维的潜在缺陷，他们会努力削弱自我中心倾向和社会中心倾向对自己的影响。他们使用批判性思维提供的思维工具来分析、评估和提高理性能力。他们努力地培养理性美德：理性的诚实、理性的谦逊、理性和修养、理性的共情、理性的公正和对理性的坚信。他们意识到，无论他们是多么成熟的思考者，他们总是可以提高自己的理性能力；他们意识到，他们有时也会推理错误，也会失去理性，也会偏见、歧视、思路扭曲，也会不加批判地接受社会规则，以及自私地追求既得利益。他们努力用一切可能的方式为一个更理性、更文明的社会做出贡献；他们努力考虑他人的权利和需求。一个人是否可以被描述为批判性思考者，取决于他每天所表现出的批判性思维的能力和特征如何。"完美"或"理想"意义上的"批判性思考者"不存在，而且将来也不会存在。

批判性思维（critical thinking） 批判性思维最基本的概念是简单而直观的。所有人都会思考，这是我们的天性。但是，我们的大部分想法其实都是有偏见的、扭曲的、片面的、无知的或是有歧视性的。不幸的是，拙劣的思考方式让我们在金钱和生活质量上付出了巨大的代价。当我们从改变自己观念的角度开始思考时，批判性思维就出现了。除了这个基本的概念外，还有很多解释批判性思维的方法。比如：

- 分析和评价以改善思维的艺术；
- 在特定的思维模式或思维领域中，能够满足适当的理性标准的、可以自我纠正的思维；

- 通常表现出理性能力和特点的思维；
- 一种帮助你改善思维，使你的思维更清晰、更准确、更符合逻辑的思维；
- 试图以公正的方式进行高质量的推理，一种能自我纠正和自我约束的思维。

理解批判性思维时，认识到它会以许多状态和表现形式存在是至关重要的。例如，批判性思维有肤浅的，也有全面的；有诡辩式的，也有苏格拉底式的；有隐性的，也有显性的；有系统的、浑然一体的，也有松散的、断断续续的。

批判（criticality）　批判有多种形式，比如对文学或艺术作品进行判断、评价，利用技能或能力评估某事，或对科学文献、学术文献进行研究。"批判"这个词与"创造力"形成了鲜明的对比。它强调的是评估或判断的艺术，也就是强调评估或判断是否彻底、准确、精确或深刻。它涉及智力、洞察力，以及理性标准的体现。

防御机制（defense mechanisms）　防御机制是一种自欺欺人的方法，可以让人避免应对不可接受的或痛苦的想法、理念或情况。人类的大脑经常进行这种以自我为中心的无意识的活动，这样的活动强烈地影响人们的行为。当大脑以自我为中心运行时，我们就会一心为己，以狭隘、自私的眼光看待这个世界。然而，我们却认为自己是由纯粹的理性动机驱动的，这是因为我们掩饰了以自我为中心的动机。这种伪装需要自欺欺人，而自欺欺人是通过防御机制实现的。启动防御机制时，大脑可以避免有意识地识别负罪感、痛苦、焦虑等负面情绪。弗洛伊德精神分析理论中使用的术语"防御机制"通常是指潜意识用来应对现实和保持积极的自我形象的心理策略。防御机制的理论很复杂，一些理论家认为防御机制有时可能是健康的（尤其是在儿童时期）。然而，当这样的机制在正常成年人的头脑中运行时，它们对理性和批判性社会的构建构成了重大障碍。所有人都在自欺欺人，只有批判性思考者始终努力、真诚地行事，尽量不自欺欺人，了解自己自欺欺人的倾向，并努力降低它出现的频率，削弱它的力量。一些最常见的防御机制是否认、认同、投射、压抑、合理化、刻板印象、找替罪羊、升华、一厢情愿等。

否认（denial） 否认是指一个人为了维持良好的自我形象或一些自己确信的理念而拒绝相信无可争辩的证据或事实。否认是最常用的防御机制之一。所有人都会否认一些他们无法面对的事情。例如，关于他们自己或他人的一些令人不快的真相。比如，一名篮球运动员可能会否认他在比赛中存在失误，以保持自己篮球技术高超的形象；面对确凿的证据，"爱国者"可能会否认他的国家曾经侵犯人权或不公正地行事。

需求（desire） 需求是指希望、盼望或渴望某事。需求、情绪和感受构成了人类思维的情感维度；另一个维度是认知与思考。批判性思考者的需求能让自己感到快乐和满足，而且不会侵犯他人的权利。批判性思考者经常审视自己的需求，以确保它们是合理的和彼此不冲突的。

以自我为中心的支配（egocentric domination） 以自我为中心的支配是指通过不合理地使用权力或恐吓他人（或其他有感知能力的生物）来寻求自己想要的东西。以自我为中心对他人进行支配可以是公开的，也可以是隐蔽的。一方面，支配型的自我中心主义可能包含严厉的、专制的或恃强凌弱的行为（例如，虐待伴侣的身体）；另一方面，它可能涉及一些微妙的信息和行为，而这些信息和行为则在暗示"必要"时会采用控制或强制的做法（例如，一位主管暗示一位下属，他是否能保住工作取决于他能否做到绝对服从）。人类的非理性行为通常是支配行为和顺从行为的结合。例如，在"典型的"法西斯社会中，每个人（除了独裁者）都顺从于他的上级，而统治他的下属。

以自我为中心的顺从（egocentric submission） 以自我为中心的顺从是指一个人从心理上迎合"有权利的人"并为其服务，以获得自己想要的东西的一种非理性倾向。人类天生会关心自己的利益，并有动力去满足自己的需求。在一个注重心理力量和影响力的世界里，人们通常以两种方式来获得"成功"：从心理上征服或恐吓（隐蔽地或公开地）那些阻碍他们的人（通过以自我为中心的支配），或者从心理上迎合并服务于有权力的其他人。

有权力的人会和他们分享好处，让他们感觉自己非常重要且受到了保护。非理性的人会同时使用这两种方式，尽管使用的程度并不相同。当人们屈服于更有权力的人时，他们采用的方式就是"以自我为中心的顺从"；而那些使用强制和支配方式的人采用的就是"以自我为中心的支配"。这两种行为都可以在日常生活中看到。例如，在摇滚明星或体育明星及其崇拜者的关系中。大多数社会群体都有一个内部的"食物链"，其中一些人扮演领导者的角色，而大多数人则扮演追随者的角色。一个公正、理性的人，既不想支配他人，也不盲目地为支配者服务。

自我中心（egocentricity） 自我中心是一种将一切事物与自己联系起来的倾向。它会使人将自己的感觉（事物看起来如何）与现实混淆，以自我为中心，或只考虑自己和自己的利益。有这种倾向的人非常自私，经常扭曲现实以维护自己特定的观点或看法。他们个人的需求、价值观和信念（似乎不言而喻地正确或优于他人的需求、价值观和信念）经常被不加批判地用作他们自己评价和判断的标准。以自我为中心是批判性思维的基本障碍之一。当一个人能够进行强有力的批判性思考时，就会变得更加理性，不再以自我为中心。

推理要素（elements of reasoning） 推理要素是指嵌入在所有问题、信息、推断、假设、概念、含义、观点中的思维组成部分，也被称为"思维的组成部分""思维要素""思维结构"。所有的推理都包含一套通用的要素，每个要素都可以被监控，以便发现可能出现的问题。换句话说，无论我们思考什么，我们都是为了达到某种目的，思考的基础都是某种会影响结果的假设。然后我们使用概念、利用想法和理论来解释数据、事实和经验（信息），以回答问题和解决问题。批判性思考者会在思考自己或他人的过程中提升识别和评估这些要素的技能。分析推理要素或思维结构是关于批判性思维的三个基本理解之一。另外两个侧重于对思维的评估和思维美德的发展。

　　情绪（emotion）　情绪是由某种意识唤起的一种感觉，通常表现为一种强烈或高涨的兴奋状态。我们的情绪与我们的思维和需求完全相关。这三种精神要素——思维、感受和需求，不断地相互影响。例如，当我们认为事情对我们不利时，我们会体验到负面情绪。此外，我们的思维、感受和需求时时刻刻都受到我们的理性能力或我们天生的非理性倾向的影响。当我们的思维是非理性的，或我们以自我为中心时，非理性的感受和需求就会被激发。当这种情况发生时，我们就会变得无理取闹、恐惧和嫉妒，从而导致我们丧失客观和公正的判断能力。因此，情绪可以表明事情对我们有利还是对我们不利。人类经常经历一系列情绪状态，从积极到消极，比如，兴奋、喜悦、满足、愤怒、抗拒、沮丧等，同样，情绪状态也与理性或非理性的思想和行为有关。例如，当我们成功地支配他人时，或者当我们成功地教孩子阅读时，我们可能会感到"满足"。当有人拒绝服从我们的非理性命令时，或者当我们察觉到世界上存在一些不公时，我们可能会感到"生气"。因此，满足感或愤怒感本身并不能说明导致这种感觉出现的思维的优劣。在任何情况下，情绪和感受都是与思维密切相关的。例如，强烈的情绪会使我们无法理性思考，并可能导致思维和行动的"瘫痪"。因为我们的情绪一直有一个认知维度，所以拥有分析导致情绪的思维能力对于过理性的生活至关重要。例如，批判性思考者会努力识别非理性的思维何时会导致不适当或无用的感觉或状态出现。他们会利用自己理性的激情（例如，追求公平的激情）来让自己产生符合实际情况的感觉，而不是扭曲现实，做出以自我为中心的反应。因此，情绪和感受本身并不是非理性的，只有那些以自我为中心的想法，以及被那些想法激发的情绪和感受才是非理性的。批判性思考者致力于过一种理性情绪占主导地位的生活，以自我为中心的倾向会被最小化。

情商／情绪智力（emotional intelligence） 情商是指用思维来控制情绪，也就是使用熟练的推理来控制情绪变化。这个概念的基本前提是，在既定的情况下，高质量的推理比低质量的推理更能产生令人满意的情绪状态。掌控自己的情绪是进行批判性思考的一个关键目的。近年来，"情商"一词不断与越来越多的科学研究联系在一起，这些研究试图将大脑化学现象与心理功能联系起来，换句话说，就是将大脑中的神经学现象与认知或情绪现象联系起来。然而，我们必须小心，不要逾越从这项研究中可以合理推断出来的结论。例如，一些研究人员提出，杏仁核（大脑中的"原始"的部分）可以在大脑进行思考之前就对情况产生情绪反应，这一过程被认为是导致谋杀等事件的罪魁祸首（例如，在高级心理功能阻止他之前，他就做出了情绪反应，杀死了某人）。事实上，每一种情绪反应都与某种思维有关。如果我们听到一声巨响就吓得跳了起来，那是因为我们觉得某些东西存在潜在的危险。这样的反应可能是"原始"的，是在一瞬间做出的，但大脑一直在思考。对于普通人来说，控制自己的情绪并不需要掌握大脑化学和神经学方面的知识，只需了解大脑及其功能（比如思维、感受和需求），就可以拥有丰富的知识来发展情绪智力。例如，如果我们认为情绪总是与某些思维有联系，那我们就可以分析引起我们情绪的思维，以及情绪是如何阻碍我们在特定情况下进行理性思考的。我们可以分析非理性思维和伴随它而来的非理性情绪的情况。

道德推理（ethical reasoning） 道德推理是指思考那些涉及伤害或帮助有感觉能力的生物的问题。尽管盛行的观点认为推理与道德无关，但人们还是可以像分析和评估其他推理一样对道德推理进行分析和评估。道德推理包含与所有推理相同的要素，并应以清晰度、准确性、精度、相关性、深度、广度、逻辑、重要性等相同的标准来对其进行评估。理解道德推理的原理对于获得道德推理能力的重要性，与理解数学与生物学原理对于进行数学与生物学分析的重要性是一样的。合理的道德思想是由道德概念（例如公正）、道德原则（例如"同样的问题必须同样对待"），以及合理的批判性思维原则驱动的。道德原则是人类行为的指南，它说明了什么是善、什么是恶，以及人们有义务做什么或不做什么。这些原则还能使我们确定行为的道德价值，即使这种行为并不是一种义务。与所有问题一样，道德问题也有一个明确的答案，或者也有诸多合理的答案（需要我们做出最佳判断）。然而，这些问题并不能依据个人偏好作答，就像有人说"你喜欢公平，而我喜欢不公平"，这是不合逻辑的。人们经常将道德与社会习俗、宗教和法律等混淆。当这种情况发生时，我们会让文化规则和禁忌、宗教及法律法规来定义什么是道德。例如，某一宗教团体主张杀害家中第一个出生的男孩或将少女献祭给神灵，如果宗教等同于道德，那么这些做法将被视为正确的行为，或者换句话说，这些行为在道德上是正确的。显然，道德与任何其他思想体系的崩溃对我们的生活方式、我们如何定义对与错，以及我们抵制或提倡哪些行为都有重大影响。

公正性（fairmindedness）　公正性是批判性思考者需要培养的一种思维倾向，使批判性思考者能够客观地看待与一个问题相关的所有观点，而不偏向于个人或自身所属群体的观点。公正性意味着我们有必要对所有相关观点一视同仁，而不只考虑自己或朋友、所属团体、国家或物种的感受或个人利益。它意味着我们要坚持理性标准，而不考虑某件事对自己或自己所属团体有什么好处。人们之所以缺少这种思维倾向有三个主要原因：天生的自我中心倾向、天生的社会中心倾向，以及缺乏思考复杂的道德问题所必需的理性技能。

感受（feeling）　感受是一种特殊的情绪反应，有时它与身体的感觉有关。感受或情绪与思维是密不可分的。感受影响思维，思维影响感受，这种关系是相互的。因此，才会出现"当我认为自己被冤枉时，我就会感到愤怒""越是觉得自己被冤枉了，我就越生气"的现象。批判性思考者可以用他们的思维来控制自己的感受。

人性（human nature）　人性是指人类所具有的共同品质、本能、内在倾向和能力。人类具有第一天性和第二天性。我们的第一天性是自发的、以自我为中心的，受非理性信念的支配，是我们本能思维的基础。人们不需要训练就会相信他们想要相信的东西。比如，那些符合他们利益的东西、那些能够保持他们个人舒适感的东西、那些使他们的不适感降到最低的东西，以及那些会证明他们自己是正确的东西；人们不需要特别的训练就会相信身边的人所相信的。比如，他们的父母和朋友所相信的、学校教给他们的、媒体经常重复的，以及自己国家或所属文化中人们普遍相信的；人们不需要训练就会认为那些不支持他们的人是错误的和有偏见的；人们不需要训练就会假定自己最基本的信念是不言而喻的真理，或很容易被证明是正确的真理。人们自然而然地认同自己的信仰，他们经常将分歧视为人身攻击，由此产生的防御心理干扰了他们共情或接受其他观点的能力。因此，这类人需要广泛而系统的实践来发展他们的第二天性和内隐能力，使自己成为理性的人；他们需要广泛而系统的实践来认识自己有形成非理性信念的倾向；他们需要广泛而系统的实践来培养一种对自身矛盾思想的厌恶感、对清晰性的热爱、对追寻证据的热情，以及公平地对待其他观点的态度；他们需要广泛而系统的实践来认识到自己是在推理中生活的，认识到没有通往现实的捷径，即使内心对自己是正确的有着强烈的感觉，也可能只是自以为是。

含义 / 意义（implication/imply） 含义 / 意义是指从其他论断或真理中得出论断或真理，代表了思想或事物之间的逻辑关系。含义 / 意义可以间接地表达或暗指，它可以被看作人们从交流中推理出来的想法、假设、观点、信仰等。我们所说的"推理的含义"是指从思想的某个维度得出的结论，这意味着我们的思想正在引导我们。如果你对某人说"爱"他，则表示你关心此人是否幸福；如果你做出承诺，则表示你打算遵守它；如果你称自己为女权主义者，就表示你支持男女在政治、社会和经济上平等。我们常通过观察一个人是否言行一致来判断其可信度。实际表达的含义是否为内心真正所想，是判断他人是否为批判性思考者（和诚实的人）的一个检验原则。具有批判性思维的人最重要的技能之一是能够判断一个陈述或一个情境实际上意味着什么，以及能从该陈述或情境中大致推断出一些东西。批判性思考者会对自己的推断进行"监控"，以使自己的推断符合实际情况。批判性思考者在说话的时候，会努力使用恰当的词语，他们认识到有一些既定的词汇用法会产生既定的含义。经验丰富的思考者能够清楚而精确地阐明自己推理的含义和可能带来的后果，能够主动寻找潜在的消极后果和潜在的积极后果，并能预测消极后果和积极后果带来的影响。缺少经验的思考者很少或根本不关注持某一观点或做出某一决定带来的影响和后果，也无法清楚和确切地阐述，他们只关注自己在进行初期推理时所想到的后果，或积极，或消极，但通常不会两者都想到。当他们的决定产生意想不到的后果时，他们会感到惊讶。

推理 / 推论（infer/inference）　推理是思考的一个步骤，是一种理智的行为，人们通过这个步骤，根据事物的实际情况或表面情况得出结论。推理是指根据已知的事实或证据进行推断，从而得出观点或结论。人们不断地做出推理，理解事物的过程都会涉及推理。例如，如果你拿着一把刀向我走来，我可能会推测你想伤害我。推理可能是合乎逻辑的，也可能是不合逻辑的。即使推理是不合逻辑的，也通常被大脑认为是"正确的思维方式"。这是真的，因为大多数人很难从他们经验的"原始数据"中得出推论。他们没有意识到自己一直在不断地做出推理。他们意识不到自己的推理不仅基于信息，也基于假设（通常是潜意识层面的思考）。批判性思考者能够注意到自己的推理过程，能够意识到无论何时他们的推论都可能是合理的，也可能是不合理的。他们能把信息从推论中分离出来。有经验的思考者对他们所做的推论很清楚，并可以清楚地表达自己的推论。他们通常会根据所呈现的证据或理由得出推论，经常会做出深思熟虑的而不是肤浅的推论，经常会得出合理的推论，得出相互不矛盾的推论，并能意识到引发推论的假设。缺少经验的思考者通常对他们做出的推论不清楚，无法确切地描述自己的推论。他们做出的推论经常不遵循证据，经常做出肤浅的推论和不合理的推论，经常做出相互矛盾的推论，而且从不关注引发推论的假设。

信息（information） 信息是指通过阅读、观察或道听途说等方式收集到的说明、统计数据、事实、图表。我们会在推理过程中使用信息，我们想使用一些事实、数据或经验来支持我们的结论。信息本身并不代表其具有有效性或准确性。用于推理的信息可以是准确的，也可以是不准确的，可以是相关的，也可以是不相关的，可能是被公平呈现的，也可能是以一种扭曲其重要性或价值的方式呈现的。信息总是根据人们的假设被解释。通常，我们在推理的时候，问这样一个问题是有意义的："我的推理基于哪些事实或信息？"这是因为推理的信息基础往往是至关重要的。例如，在决定是否支持死刑时，人们需要考虑事实信息。人们可以用来支持死刑不合理的观点的信息包括："自 1976 年美国最高法院恢复死刑以来，每 7 名死刑囚犯中就有 1 名是无罪的，并被释放。""自 1963 年以来，美国至少有 381 起杀人案被推翻，原因是原告隐瞒了被告无罪的证据或出具了伪证。""美国国家审计局的一项研究发现，死刑判决中存在种族偏见。从比例上看，杀害白人的凶手比杀害黑人的凶手更有可能被判死刑。""自 1984 年以来，已有 34 名智力障碍人士被判死刑。"经验丰富的思考者只有在有足够证据支持的情况下才会做出主张，并能够清晰地表达和评估其主张背后的信息，积极地寻找与自己立场相反（而不仅仅是相同）的信息，关注相关信息，忽视与问题无关的信息；只有在有数据支持和在合理推理的情况下，才会得出结论，并清楚、公正地陈述证据。缺少经验的思考者会在不考虑所有相关信息的情况下提出主张，不能清楚地表达他们在推理中使用的信息，也不能进行理性的判断；只收集支持他们自己观点的信息，不能仔细地区分相关信息和无关信息，会做出超出数据支持范围的推论，扭曲数据或不准确地表述数据。

理智 / 理性的 / 智能（intellect/intellectual/intelligent） "理性的"一词通常意味着需要理智，或拥有、表现出高水平的智能。"理智"这个词意味着理解或感知各种关系、差异等的能力。它指的是大脑用来知晓或理解事物的那部分功能，也指思维的力量、强大的心理能力或高水平的智能。术语"理性的"具有头脑警觉、聪明、敏锐、见多识广、伶俐和明智的意思。它通常指人从经验中学习的能力、获取和储存知识的能力，以及快速妥当地应对新情况的能力。它的特点是使用理性的能力来解决问题，用理性指导实践以取得成功，并根据事实做出正确的判断。因为熟练的推理是做出理性决策和正确判断的核心，所以理性的发展以批判性思维为前提。正是通过运用批判性思维的概念和原则，我们才能发展出良好的推理能力。有人可能认为，理性的培养和批判性思维能力的塑造是一回事。19世纪杰出的学者约翰·亨利·纽曼，详细阐述了理智的培养和批判性思维的原则之间的关系。他在书中写道："理智的人能够完美发挥自己的力量，当其了解信息时会努力理解和思考，会从大量杂乱的事实和事件中发展出灵活推理的能力。理智的人没有偏见，不排外、不冲动、不迷茫、有耐心、镇定且冷静。因为他们能看到每个开端的终点、每个终点的起源……他们永远知道自己所处的位置，也知道从一处到另一处的路径。"

当然，有些人天生就具有更高水平的"自然智力"，但原始的自然智力也需要通过批判性思维来发展。智力的原始力量常常被用来作恶，而不是做好事，这导致了人们的批判性思维不够强大（例如，有的人有熟练的思维技巧，但没有道德感）。通过使用批判性思维，我们可以积极地培养理智，发展理性能力，培养足够强大的批判性思维。

理性的傲慢（intellectual arrogance）　理性的傲慢是指以自我为中心的人倾向于相信自己知道的比自己实际知道的更多，自己的想法很少是错误的，自己的思维模式不需要改善，自己了解"真理"。然而，人类思想发展的最强大的障碍之一就是以自我为中心的倾向，这种倾向让人们相信自己所相信的东西都是真实的。批判性思考者能敏锐地意识到这个问题，并会在自己的思维中留意这个问题。他们致力于发展理性的谦逊，致力于削弱思维中理性的傲慢的力量。但他们也能够认识到，自己有时会受制于这种倾向。

理性的自主（intellectual autonomy）　理性的自主指人能够对自己的信仰、价值观、假设和推理进行独立地、理性地控制。批判性思考者的目标是学会独立思考，能够掌握自己的思维过程。理性的自主并不意味着任性、固执或叛逆，它指的是在理性和证据的基础上分析和评估信念，在该质疑的时候质疑，在该相信的时候相信，在该同意的时候表示同意。与理性的自主对应的是理性的顺从。

理性的修养（intellectual civility）　理性的修养是指承诺将他人视为思考者，平等对待他人，充分关注和尊重他人的观点，用说服而不是恐吓的方式使他人同意自己的观点。而理性的粗鲁则表现为用语言攻击他人，轻视他人，对他人的观点形成刻板印象。理性的修养不仅仅是一种礼貌，更是一种意识：每个人都有权让自己的观点被他人听到，并在这个过程中受到礼貌的对待。理性的修养对应的是理性的粗鲁。理论家们试图将批判性思维限制在一个或几个可能的对象上。例如，当批判性思维建立在形式逻辑之上时，分析和评估的重心就局限于带有形式特点的论据。有的理论家还可能将问题和决定作为批判性思维的对象。有些人认为批判性思维等同于科学方法。在形式最健全的批判性思维中，有无数智力结构可以被分析和评估，包括假设、概念、理论、原则、目的、问题、报告、演讲、戏剧、艺术、工程计划、历史记录、人类学方向、科学理论、技术目标（由人类计划和创造）、书籍、散文、诗歌、音乐、运动、厨艺等。

理性的勇气（intellectual courage） 理性的勇气是指人愿意面对并能公正地评估自己非常反感的想法、信念或观点；愿意批判性地分析自己所坚信的观点。因为人们能够认识到被自己认为是危险或荒谬的想法有时也是合理的，而周围的人所坚信的或灌输给自己的结论或信念有时是错误的或具有误导性的，所以人们才拥有了理性的勇气。为了独立辨别是非，我们不能被动地、不加批判地"接受"我们"学到的东西"。理性的勇气应该在此刻发挥作用，因为当我们客观地看待事物时，我们将不可避免地在一些被认为危险和荒谬的想法中看到真理，也会在被我们所属的社会团体强烈支持的想法或观点中看到扭曲或错误。在这种情况下，坚持自己的想法是需要勇气的，检验人们所坚信的"真理"是困难的。理性的勇气对应的是理性的懦弱。

理性的好奇（intellectual curiosity）　理性的好奇是指有强烈的意愿去深入理解、弄清楚事情，提出和评估有用的或不确定的假设和解释；去学习，去发现，保持好奇心。人类天生有好奇心，这可以由一个事实来说明，那就是小孩子往往是名副其实的"问题源泉"。然而，这种与生俱来的好奇心在当今社会和学校教育中通常是不被鼓励的。但如果没有好奇心驱动，人们就不会想要学习，也无法获得知识。各阶段的学校都应该保护学生的求知欲，鼓励学生自己提出问题和独立思考，并通过思考找出答案所在。否则，思维就会变得迟钝，天生的好奇心就会减弱，学生就会失去学习的动力。理性的好奇对应的是理性的冷漠。

理性的自我约束（intellectual discipline）　理性的自我约束表现为人按照理性标准，思维的严谨性、精确性、完整性对思考进行有意识地控制。任性的思考者不会意识到他们得出了没有根据的结论、混淆观点，以及没有考虑相关的证据等。理性的自我约束是成为一个具有批判性思维的人的关键。若想做到理性的自我约束，人们就必须专注于当下的思维任务，仔细分析和评估所需的证据，系统地确定和解决问题，保持思维清晰。精确性、完整性和一致性等理性标准需要人们做到理性的自我约束。人们只有保持耐心，循序渐进，乐于接受和保持自律才能获得理性的自我约束。

理性的共情（intellectual empathy） 理性的共情要求人们发挥想象力，把自己设想为他人，这样才能真正理解他人。为了发展理性的共情，我们必须认识到人类的一种自然倾向，即会把真理与自己的直接感知或长期信仰等同起来。理性的共情需要人们准确理解他人观点和推理，根据他人的前提、假设和想法再进行推理。理性的共情还要求人们记住自己在哪些情境中做错了，尽管在当时的情境中还曾坚信自己是对的，并且考虑到自己有可能重蹈覆辙。理性的共情对应的是理性的狭隘。

理性投入（intellectual engagement） 理性投入是指一个人集中全部注意力去学习或理解某事。如果我们想深入而敏锐地学习，就需要在学习过程中调动理性的力量。如果在教学和学习过程中缺少理性投入，学生就会游离于学习之外，学习的知识也是肤浅的、转瞬即逝的。理性投入就是要懂得如何深入学习，看到学习的价值，并对自己解决问题的能力有信心。从广泛的意义上说，人需要一种通过更理性地生活，将学科内的强大理念联系起来的能力。

理性的谦逊（intellectual humility） 理性的谦逊是指人意识到自己的知识局限，包括对自己天生的自我中心倾向可能会导致自欺欺人的敏感觉察，以及对自己固有的偏见和成见的敏感识别。理性的谦逊基于这样一种认识，即人们不应该声称自己了解超出自己实际认知范围的东西。这并不意味着一个人懦弱或一味顺从，而是意味着他不会自命不凡、自吹自擂或自负，还体现了他对形成个人信仰的逻辑基础的优势或劣势的洞察力。理性的谦逊对应的是理性的傲慢。

理性的诚实（intellectual integrity） 理性的诚实是指人认识到必须忠实于自己的思想，必须在运用理性标准时保持一致，必须用与自己的对手同样严格的证据和证明标准来要求自己，必须率先实践自己主张的事情，诚实地承认自己思想和行动中的矛盾和不一致之处。理性的诚实在支持性的氛围中发展得最好。在这种氛围中，人们感到安全和自由，能够诚实地承认自己言行中的矛盾之处，并能够思考出解决这些矛盾的现实方法。这需要人们诚实地承认实现言行一致是困难的。理性的诚实对应的是理性的虚伪。

理性的坚韧（intellectual perseverance） 理性的坚韧是指无论人遇到什么困难、障碍或挫折，仍愿意并能意识到自己需要追求理性和真理；即使被他人非理性地反对，也能坚定地坚持理性原则；明白自己需要在很长一段时间内与困惑和未解决的问题做斗争，以获得更深入的见解。当教师和其他人不断地为学生提供"答案"，而不是鼓励他们自己提出问题，并充分利用推理来寻求问题的答案时，理性的坚韧就会被破坏；当教师用公式、算法和捷径替代缜密、独立的思考时，理性的坚韧就会被破坏；当机械记忆代替深度学习时，理性的坚韧也会被破坏。理性的坚韧对应的是理性的懒惰。

理性的责任感（intellectual responsibility） 理性的责任感是指一个人认为在思维问题上有必要履行自己的职责，并认为自己应在能力范围内培养自己的思维。拥有理性的责任感的人认识到，所有人都有义务在推理中追求高度的合理性，并坚定地致力于为自己的信念收集足够的证据。拥有理性的责任感的人终其一生都在完善自己的思想，努力向理性的理想境界靠近。

理性的公正（intellectual sense of justice） 理性的公正是指一个人能够意识到也愿意以共情的态度对待所有观点，并在不考虑个人感受和既得利益，或朋友、所属团体的感受和既得利益的情况下评估它们。理性的公正与理性的诚实密切相关。

理性标准（intellectual standards） 理性标准是指人使用高水平的技能进行推理和做出合理判断所必需的标准或准则。理性标准对获得知识、形成理解和理性而有逻辑地思考来说是至关重要的。理性标准是批判性思维的基础。基本的理性标准包括清晰性、准确性、精确性、相关性、深度、广度、逻辑性、重要性、公正性。在人类思想的每一个领域、在每一个学科和主题中，理性标准都是前提。利用这些标准来发展一个人的心智、训练一个人的思维，需要规律性的练习和长期培养。当然，达到这些标准是一个相对的概念，在不同的思想领域中有所不同。解决数学问题时的精确性与写诗、描述一段经历或解释一个历史事件时的精确性是不一样的。我们可以将理性标准大致分为两类：微观理性标准和宏观理性标准。微观理性标准针对的是那些可以理性评估的具体方面。例如，思维清晰吗？这些信息是否相关？所有的目的有一致性吗？虽然微观理性标准对熟练推理来说至关重要，但满足一个或多个微观理性标准并不一定能完成当下的思维任务。这一点的确如此，因为思维可以清晰但不相关，可以相关但不精确，也可以精确但不充分等。当我们仅需要进行单一逻辑的推理（即专注于一个具有既定解决程序的问题）时，微观理性标准就足够了。但是，如果要通过多元逻辑（即要求我们在相互冲突的观点中进行推理）进行良好的推理，那么我们不仅需要微观理性标准，还需要宏观理性标准。宏观理性标准的含义更广泛，它整合了我们对微观理性标准的应用，发展了我们的理性理解能力。例如，当我们对一个复杂的问题进行推理时，我们需要拥有合理的或可靠的思维（换句话说，我们的思维需要满足更广泛的理性标准）。而要想让我们的想法合理或可靠，至少需要满足清晰性、准确性和相关性等标准。此外，当多个观点与一个问题相关时，我们需要对比和整合这诸多观点，然后才能对问题下定论。因此，使用宏观理性标准有助于我们获得更有深度和更全面的见解。

理性特征 / 理性性情 / 理性品德（intellectual traits/dispositions/ virtues） 理性特征是指正确行动和思考所必需的精神和性格特

征；理性性情是指公正推理所必需的性情；理性品德是指将心胸狭隘、自私的批判性思考者和开放、寻求真理的批判性思考者区分开的道德。理性特征包括但不限于理性的公正、理性的坚韧、理性的诚实、理性的谦逊、理性的共情、理性的勇气、理性的好奇、理性的自我约束、坚信理性以及理性的自主。具有强感知力的批判性思考者的标志是能够奉行这些理性特征。然而，每个人在日常生活中只能在一定程度上奉行这些理性特征，没有人能够真的达到理想中的思考者的程度。理性特征是相互依赖的，每一种理性特征都是在与其他的理性特征相结合的情况下才得到充分发展的。人们只有通过努力练习才能获得理性特征。理性特征不能从外部强加于人，必须通过鼓励和示范来加以培养。

非理性的 / 非理性（irrational/ irrationality） 非理性是指人缺乏推理能力，违背理性或逻辑，没有常识，而且荒谬。人可以是理性的，也可以是非理性的。我们天生就具有以自我为中心和以社会为中心的倾向，这些倾向经常导致我们做不合逻辑的事情（尽管当时在我们看来这些事情是完全合乎逻辑的）。无论在什么情况下，我们都无法自动感知什么是合理的。我们思考和行动的合理程度取决于我们理性能力的发展程度。而理性能力的发展程度又取决于我们在多大程度上学会了超越自身的偏见和歧视，超越自身狭隘、自私的观点，取决于我们是否能在特定情况下看到做什么和相信什么最有意义。批判性思考者对自己的非理性倾向一直保持警惕。他们始终努力成为理性的、公正的人。

非理性情绪（irrational emotions）　非理性情绪是指基于不合理信念的感受。情绪是人类生活的组成部分。非理性情绪反映了非理性的信念或对情况的非理性反应。当我们天生的以自我为中心的倾向导致我们做出低效或不合理的行为时，或者当我们无法得偿所愿时，就会产生非理性情绪。批判性思考者一直在努力降低他们生活中非理性情绪出现的频率。

逻辑性（logical）　逻辑性是指人按照逻辑原则进行推理。人们基于已知的陈述、事件或条件得出合理的、意料之中的结论。逻辑性是一个基本的理性标准，可以从相对狭义的角度理解，也可以从相对广义的角度理解。批判性思考者通常会通过提出以下问题来尝试达到这一标准：这个结论是否合乎逻辑？有没有更合理或更合乎逻辑的解释？考虑到我们可用的数据，这是一个合乎逻辑的推论吗？我们选择这样的立场有依据吗？

视角（perspective）　视角是指一个人能够从更开阔的角度看到所有相关资料的逻辑关系，看到信息、数据和经验之间有意义的联系。视角还是一种谈论情况的方式，一种展望方式和一种评价方式。请注意，"视角"这个词至少有两种不同的用法，第一种用法是指一个人专注于以一种整合的方式看待事物之间清晰的关系，由此发展出更加宽广的视野（例如，她是一个我们可以信赖的人，因为她拥有广阔的视角，或她会客观地看待事物）；第二种用法是指一个人在面对某种情况、想法时所持有的特定的心理观点或逻辑。所有的思想都来自一些观点和一些相互关联的信念，这些观点和信念在思考者的头脑中形成了一种逻辑。人们通过这样的视角来形成经验和观察新情况。我们经常给我们思考某事的方向命名。例如，我们可以从政治或科学、诗歌或哲学的角度来看待事物，我们可以从保守或自由、宗教或世俗的角度来看待事物，我们也可以从文化或财务的角度来看待事物。一旦我们理解了他人是如何（从他们的综合视角）处理一个问题或议题的，我们就可以更好地理解他们的整体思维逻辑，也可以更好地理解他们的观点。

观点（point of view） 观点是指一个人看待某事的角度和立场，以及观察事物的方式。人类的思维是有选择的，不可能同时从有利的角度去了解任何人、事件或现象。通常，我们的目的决定了我们看待事物的方式。批判性思维要求我们要在分析和评估思维时考虑到这一点。这并不是说人类的思维不具备客观性，而是说人类所认为的真理、思维客观性和人类的洞察力是有局限性的，而不是全面的或绝对的。因此，在某一观点内进行推理的意思是，我们的思维会不可避免地存在一些侧重点或侧重方向。我们的思维集中在某些角度上，我们的观点来源于我们的视角，而视角一词所包含的范围更广。比如，虽然我们可以从"自由党"的角度来看待一位总统候选人，但当我们发现他违背自由党原则时，我们的观点往往会变得更加具体。经验丰富的思考者知道每个人都有不同的观点，特别是在有争议的问题上，人们会持续地表达不同观点。经验丰富的思考者会对这些观点进行推敲以充分理解它们，还会寻求从其他角度推理出更多观点。他们会限制自己用单一逻辑推理来解决单一逻辑的问题，能够认识到自己什么时候最有可能有偏见，并会以广阔的视角来看待问题和议题。缺少经验的思考者不相信其他合理的观点，不能从与自己观点显著不同的角度来看待问题，不能与提出其他观点的人共情。当问题不那么令人情绪化时，他们偶尔也能给出其他观点，但当面对会引起自身强烈感受的问题时，他们就无法做到了。他们会将多元逻辑问题与单一问题混淆，坚持认为多元逻辑问题必须在某一个参考框架内解决，意识不到自己存在偏见，利用狭隘或肤浅的观点进行推理。

精确性（precision）　精确性是指具体、明确、详细等品质。精确性是一个基本的理性标准，通常有两种不同的含义：其一是精确到细节；其二是测量的精确性。在日常推理过程中，人的思维可以说是精确到细节的，但是精确到细节并不等于正确。例如，我们可能会说，一个人平均每天需要摄入356453.9876卡路里的热量，这是人每天所需热量的精确数字。但是，尽管这个数字精确到细节（也就是精确的第一种含义），但是这个数字并不是正确的（也就是精确的第二种含义）。在进行数学测量时，精确性往往起着重要作用。当需要通过细节对问题或议题进行推理时，精确性也是至关重要的。问题决定了所需的精确性。

目的（purpose） 目的包含的意思有目标、意图、想要到达的程度，以及希望完成的事。所有的推理都有目的。换句话说就是，当人类思考这个世界时，不是漫无目的的，而是与自己的目的、需求和价值观有关。我们的思维是我们在这个世界上行动的前提。即使是在简单的事情上，我们在采取行动之前，也要考虑到某些目的。我们需要理解别人的思维，以及我们自己的思维，了解思维的作用、思维是什么、思维的方向，以及思维的意义，将人类的目的和需求提升到意识层面上是批判性思维的重要组成部分。因此，批判性思考者会花时间清楚地陈述他们的目的，将彼此相关的目的区分开来，并定期提醒自己当前的目的是什么，以确定自己没有偏离方向。而且，他们的目的是现实的、重要的、前后一致的。他们会定期调整自己的思维以适应自己的目的，平等地考虑他人的需求和权利，以及自己的需求和权利。相反，非批判性思考者往往不清楚自己的目的。他们在相互矛盾的目的之间摇摆不定，无法确认自己的目的，或者设定的目的根本不现实、不重要、前后不一致。他们无法调整自己的思维以适应自己的目的，他们会选择以牺牲他人需求为代价来达到自己自私的目的。

问题（question） 问题是指可供人们讨论或询问的事情或事

项，也指人们在学习或获得知识的过程中提出的疑问。人类天生
就有目的。问题与我们的目的相结合来引导我们思考如何达到这
些目的。有待解决的问题决定了我们当下的任务，也决定了我们
思维的方向。例如，问题决定了回答它所需的信息；问题呈现了
为回答这个问题所涉及的观点；问题指出了正在解决的问题的复
杂性。批判性思考者对他们试图解决的问题很清楚，可以用多种
方式表达同一个问题，可以把一个问题分解成多个子问题，可以
区分不同类型的问题，区分重要的问题和不重要的问题，区分相
关问题和不相关问题，并能够敏锐地察觉他们提出的问题中所包
含的假设，区分自己能回答的问题和不能回答的问题。非批判性
思考者往往对问题不清楚，只能模糊地表达问题，难以清晰地表
述问题，不能拆解问题，总是混淆不同类型的问题，混淆琐碎的
问题和重要的问题，混淆不相关的问题和相关的问题，经常问诱
导性的问题，并试图回答他们不能回答的问题。

理性的 / 理性（rational/ rationality） 理性的意思包含被理
智（而不是情感）引导的，或与理性有关的；有逻辑的、与逻辑
一致的或基于逻辑的；符合良好推理原则的、明智的、表现出良
好的判断的、合乎逻辑的。在日常生活中，"理性的"或"理性"
这一术语至少有三种不同的常见用法。第一种是指一个人思考的
能力；第二种是指一个人使用自己的思维来达到自己目的的能力
（无论这些目的是否合乎道德）；第三种是指一个人承诺只按照

理智和道德的方式思考和行动。这三种用法分别对应了三种人：经验丰富的思考者、诡辩的思考者和苏格拉底式的思考者。在第一种用法中，人们只关注思考者的技能；在第二种用法中，人们将思考者所使用的技能定义为"自私"（如诡辩家所使用的技能）；在第三种用法中，人们强调使用的技能应公平、公正（就像苏格拉底所做的那样）。从严格意义上讲，批判性思考者关注自己的推理能力，同时尊重他人的权利和需求。他们在使用自己的理性技能时是公正的。

　　理性情绪（rational emotions）　理性情绪是指技巧性推理和批判性思维的情感维度。情绪是人类生活中不可分割的一部分。每当我们推理时，总有一些情绪会与我们的思维联系起来。理性情绪是那些与理性思想和行动有关的情绪。R.S. 彼得斯（R.S.Peters）曾解释过"理性激情"的重要性："例如，人们厌恶矛盾和不一致，喜爱清晰，讨厌混乱。如果没有这些厌恶与喜爱，词汇就无法保持相对固定的含义，也无法被归类。一个理智的人，如果有人告诉他，他所说的话乱七八糟，语无伦次，甚至可能充满了矛盾，他不可能高兴地打自己耳光或对此置之不理。理性是随意性的对立面。适当的激情可以支持理智，但这些激情通常是消极的，即对无关紧要的事、特殊的请求和武断的命令的厌恶。当人们的利益和需求受到威胁时，厌恶感会持续下去，还会激起人们更强烈的愤怒情绪。这种强烈情绪中积极的一面是对公平和公正的追求。一个准备好进行理性思考的人必须强烈地感觉到，他必须根据推论做决策。只要自己的头脑中出现关于他人的想法时，就应该带着对另一个人的尊敬。他应该考虑到这个人也许和自己一样，也拥有值得考虑的观点，也可能掌握着真理。一个受这种激情影响并以这样的方式行事的人就是我们所说的'理性的人'。"

理性的自我（rational self）　理性的自我是指我们努力将我们的信念和行动建立在良好的推理和证据的基础之上的人类天性和性格。我们每个人身上都存在理性的自我和非理性的自我，都存在理性的一面和非理性的一面。虽然非理性或以自我为中心的自我不需要培养就可以发挥作用，但是理性的自我却要依靠批判性思维来培养。换句话说，我们的理性能力不会自行发展。它们在头脑中不是自然形成的，而必须由我们来塑造。现在的社会并不倾向于培养理性，而是（也许是在无意中）倾向于鼓励人们发展以自我为中心和以社会为中心的思想。

合理化（rationalize）　合理化是指一个人将自己的行为、观点等归因于（表面上）看似合理但并非真实的原因（而真实的原因要么是无意识的，要么是看起来不那么可信或不令人愉快的）。合理化还指以理性或合理化的方式进行思考。请注意，"合理化"这个术语有两种不同的含义。一种含义是理性思考或合理思考的同义词；另一种含义是人类为了向自己或他人隐瞒一些事而产生的防御机制。在第二种含义中，"合理化"是指为了给"听起来很好"找理由，但找寻的理由并不真实。当一个人既要追求自己的既得利益，又要保持崇高的姿态时，合理化的第二种含义就会显现。例如，美国的政客们在接受特殊利益集团的大笔捐赠后，通过投票或委员会行动支持这些集团时，通常会将自己的行为合理化，在表面上塑造自己崇高的形象，而事实很可能恰恰相反。那些拥有奴隶的人也经常声称奴隶制是合理的。合理化使人们能够得到他们想要的东西，而不必面对他们出于自私动机的事实。合理化使人们能够将他们的实际动机隐藏起来，然后他们就可以在晚上睡得安稳，而白天则仍会做出不道德的行为。批判性思考者能够认识到合理化在人类思想和行动中所扮演的有害角色。他们意识到，我们每个人都会时不时地为自己的行为找借口，因此我们必须努力降低合理化在我们思想和生活中出现的频率，削弱它的影响力。

合理的（reasonable）　合理的的含义包括坚持理性或合理的判断；符合逻辑；受理性思维支配。一个理性的人可以不带偏见地考虑证据，并能得出合理的、站得住脚的、合乎逻辑的结论。一个人是否符合"合理的"这一标准要根据不同情况做出判断。在一种情况下被认为是合理的事，可能与在另一种情况下被认为是合理的事之间有很大的不同。比如，一个合理的进化概念就完全不同于一个合理的网球练习方法。若要满足"合理的"这一标准，就必须同时满足其他标准，这是因为合理的是"宏观标准"，而不是"微观标准"。例如，对研究中原始数据的合理解读需要人们使用合理的假设和概念，需要人们提出明确的问题，还需要得出合乎逻辑的结论的过程等。此外，合理的行为可以是狭义上的，合理的人可以是广义上的。一个不合理的人有时可能也会做出合理的行为；一个合理的人有时可能也会做出不合理的行为。一个合理到极致的人会在日常生活中处处体现理性美德。

推理（reasoning）　推理的含义包括推理者的心理过程；根据事实、观察、假设得出结论或推论、做出判断的过程；在这个过程中所使用的证据或论据。所谓推理，是指我们在自己的脑海中赋予某事意义，从而理解该事物。几乎所有思考都是我们创造意义的活动。我们听到挠门的声音就会想：是狗在挠门。我们看到天空乌云密布就会想：要下雨了。其中一些心理活动处于潜意识层面（例如，所有关于我的景象和声音对我来说都有意义，而我却没有明确注意到它们对我来说有意义）。我们的大部分推理都不会引人注意。只有当有人质疑我们的推理，并且我们必须捍卫自己的推理时，我们的推理才会变得清晰明确（例如，"你为什么说杰克令人讨厌？我认为他很讨人喜欢。"）。当我们了解所有推理都包含了一些需要经常检查质量的组成部分时，我们才真正掌握了推理能力。换句话说，每当我们推理时，我们都是基于能够引出结论的假设在一定范围内进行推理。我们使用概念和理

论来解释数据、事实和信息，以回答问题和解决问题。每当我们
进行推理时，推理的要素（例如目的、问题、信息、概念、假
设、含义和观点）都隐含在我们的思维中。批判性思考者能够意
识到这一点，并经常努力将关于这些要素的思考呈现在意识层面
以检查它们的质量。

相关性（relevant） 相关性是指某事与当下的事情或正在争
论的问题有关或有直接联系，以及对社会问题具有适用性。相关
性在其最广泛使用的含义中，是一种重要的理性标准，它的关键
在于某物与另一物的关联程度。人们常常难以集中注意力在一
个问题之上，也无法区分什么信息与问题有关，什么信息与问
题无关。从广义上讲，对相关性的敏感性最好通过刻意练习来培
养——练习将相关数据与不相关数据区分开来、评估或判断相关
性，以及支持或反对事实的相关性。这个词的另一种含义是指某
事物适用于社会问题或生活状况的程度。学生们在学习一门学科
时，经常会质疑这门学科与他们生活的相关性。尽管他们完全有
权这样做，但他们经常仅仅因为没有动力学习某学科，就声称该
学科与他们无关。随着学生的理性技能和公平意识的发展，他们
逐渐开始看到越来越多的话题、问题、概念和主题都与理性和充
实的生活相关，这是因为他们具有了独立思考的能力。

自欺欺人（self-deception） 自欺欺人是指人类在自己真实
动机、性格或身份方面存在自欺欺人的倾向。这种现象在人类身

上普遍存在，因此，人类几乎可以被定义为"自欺欺人的动物"。这种自我中心的倾向催生了所有的防御机制。通过自我欺骗，人类能够在他们的思维和行为中忽略不愉快的现实和问题。自我欺骗强化了自以为是和傲慢的态度，它使人极力追求自私的利益，同时把动机伪装成利他的或合理的。通过自我欺骗，人类会为明目张胆的不道德行为和实践"辩护"。所有人都会自欺欺人，只是程度不同。通过批判性思维克服自欺欺人的问题是培养批判意识的基本目标。

自私自利（selfish interest） 自私自利是指人只考虑事物是否对自己有用，而不考虑他人的权利和需要。自私自利的人一味满足自己的需求而不考虑他人。关心自己的幸福是一回事，为了满足自己的需求而践踏他人的权利是另一回事。人类作为一种本质上以自我为中心的生物，天生会追求自己的自私利益。我们经常用合理化和自欺欺人的方法来掩饰我们的真实动机和我们正在做的事情的真实性质。要成为公正的批判性思考者，我们就要努力去降低个人天生自私的程度，同时又不牺牲任何合法的利益和长期的利益。

社会中心主义（sociocentricity） 社会中心主义是指一个人对自己所属群体或文化有固有的优越感，并一贯从自己群体的角度来判断外国人、其他群体或文化的倾向。作为群居动物，人类聚集在一起生活。的确，人类的生存需要依赖于一个漫长的养育过程，只有身处群体之中，人类才能得到照顾。因此，孩子们从小就学习用群体的逻辑进行思考，这是他们被群体接受的必要条件。作为此社会化过程的一部分，他们基本上不加批判地吸收群体观点。社会中心主义是基于这样一种假设：一个人认为自己所属的社会群体不言而喻优于所有其他群体。一旦一个群体认为自己优越于他者，认为自己的观点是唯一正确的或唯一合理的，认为自己所有的行为都是合理的，那就意味着该群体形成了一种思想狭隘的倾向。异议和怀疑会被群体认为是不忠诚的，也不会被群体接受。很少有人能够意识到自己的思维中存在社会中心倾向。

批判性思维的发展阶段（stages of critical thinking development） 批判性思维的发展阶段是指一种聚焦于批判性思维技能、能力和品德的发展阶段的发展理论。该理论假设思考者以成长为公正的批判性思考者为内在动机。一般来说，在任何复杂的技能领域中，人都是分阶段发展的：从低水平的阶段开始，慢慢地向高水平的阶段发展。批判性思维的发展阶段如下：

- 第一阶段：不自省的思考者（意识不到自己思维中存在重大问题的思考者）；
- 第二阶段：受挑战的思考者（在思考过程中面临重大问题的思考者）；
- 第三阶段：初级思考者（希望提高，但缺乏系统练习的思考者）；

- 第四阶段：实践型思考者（定期练习并获得进步的思考者）；
- 第五阶段：高级思考者（致力于终身实践，并开始内化理性思维的思考者）；
- 第六阶段：终极思考者（理性思维已成为自己第二天性的思考者）。

该理论基于以下假设：第一，每一个人在成为公正的批判性思考者的过程中所经历的阶段都可预测。第二，一个人能否从一个阶段过渡到下一个阶段取决于他对成为批判性思考者这个目标的执着程度。一个人不可能自动或在无意识中成为批判性思考者。第三，阶段越高，对批判性思维的追求就越坚定。第四，在发展的过程中倒退是有可能的，而且很常见。

只有当人们在生活的各个方面都表现出批判性思维时，才能被称为批判性思考者。尽管我们认识到批判性思维有多种形式和表现方式，但我们在讨论发展阶段时，只把注意力集中在那些有强烈批判意识的人身上。我们把那些只在生活中的某一个方面进行批判性思考的人排除在批判性思考者的行列之外。我们之所以这样做，是因为一个人生活质量的高低取决于他在生活的所有方面做出推理的质量的高低，而不仅仅是在一个方面。人们未能发展成为批判性思考者的主要原因可能是：他们未能意识到，如果放任思考，则思考很可能是有缺陷的（所以他们从不试图以系统的方式干预自己的思考过程）；他们是与生俱来的自我中心倾向及自欺欺人倾向的受害者；他们仍然被与生俱来的社会中心倾向支配。

批判意识强的思考者（strong-sense critical thinkers） 批判意识强的思考者指具有公正意识的批判性思考者，也指具有以下特征的思考者：有深刻质疑自己观点的能力和倾向；有能力和倾向共情及换位思考，并能够通过想象重塑与自己观点不同的观点；能够辩证地进行推理，以确定自己的观点在何时站不住脚，与自己不同的观点在何时有理有据；能够在证据表明需要自己改变思维时这么做，而不考虑自己的既得利益。批判意识强的思考者使用的是最高水平的推理技能，考虑所有重要的可用证据，且尊重所有相关观点。他们的思想和行为主要以理性美德或理性习惯为基础。他们会避免被自己的观点蒙蔽。他们能够认识到自己的观点所基于的假设和自己想法的框架，也能够意识到有必要让自己的假设和想法接受最强烈的反对意见的检验。最重要的是，他们可以被理性打动。也就是说，当其他想法被证明为更合理的想法时，他们愿意放弃自己的想法。如果想培养出批判意识强的思考者就需要经常鼓励学生阐述、理解和批判自己最根深蒂固的偏见、歧视和误解，以对抗与生俱来的自我中心倾向和社会中心倾向（因为只有当他们这样做时，才有可能发展为公正的批判性思考者）。定期就重要的个人问题进行沟通和思考对于培养批判性思维也是至关重要的。如果批判性思维与实践分开教授给学生的话，他们就无法学会换位思考，只会找到其他方法来将自身的偏见合理化，或者想方设法让人们相信他们的观点是正确的。他们将因此从粗俗或幼稚的批判性思考者转变为复杂老练的（而非批判意识强的）批判性思考者。

无意识思维（unconscious thought）　无意识思维是指思维在人无意识的情况下产生，思想、经验、假设等存在于意识层面之下，但对行为有显著影响。无意识思维是知觉层面之下的思维，不易被提升到意识层面，是我们察觉不到的思维。这个术语的两种截然不同的含义都与我们的目的相关。第一种含义与"潜意识思维"意思相同。它仅仅是指无论何时我们都没有明确意识到的思维，同时也指不需要隐藏的思维。第二种含义指的是我们头脑中被抑制的思维，那些思维影响着我们的想法和行为。出于某种原因，我们总是避免承认这些想法。这些想法可能涉及痛苦或不愉快的经历，也可能是不合理的思维模式的表现，如合理化或自欺欺人。人类的很多思考都是无意识的，人们常常被存在于他们头脑中的想法、假设和观点引导，但人们很少或几乎意识不到这些。所有自我中心倾向和社会中心倾向也是无意识的，因为这些倾向都不被人们承认。换句话说，如果我们要面对这些想法在我们的思维中存在这个事实，我们将被迫处理它们，这可能需要我们放弃自己珍视的东西。任何我们不能公开拥有的思想或倾向都有无意识的一面，只要它们在我们的头脑中以无意识的形式存在着，我们就无法对其进行分析和评估，也无法探索它们是如何影响我们的思想和行为的。批判性思考者能够意识到这一点，所以他们通常会把无意识的思想或倾向置于意识层面，以便检查它们的质量。

既得利益（vested interest） 既得利益是指一个人常以牺牲他人利益为代价来使自己获得好处，也指一个群体为实现群体目标，常常以牺牲他人利益为代价从而使群体获利。社会中心倾向的常用含义之一就与群体的既得利益问题相关。每个群体都有可能成为这种人类本能倾向的牺牲品，即以牺牲他人利益为代价为自己的群体谋取更多利益。例如，许多团体游说美国国会是为了通过特别有利于他们的法律条款使自己获得金钱和权力。"既得利益"与"公共利益"是截然对立的两个词。一个为了公众利益游说国会的团体不是为了为少数人争取特殊利益，而是为了为大多数人提供保护。保护空气质量是为了维护公众利益，而使用二流材料制造更便宜的汽车则是为了获得既得利益（这可以为汽车制造商赚更多的钱）。"既得利益"一词在很大程度上已经被"特殊利益"一词取代，因为那些寻求既得利益的人不希望他们的真正意图被曝光。事实上，所有群体都只会努力争取自己的特殊利益，并且希望将自己的利益与公众的利益置于同样重要的位置。

批判意识弱的思考者（weak-sense critical thinkers） 批判意

识弱的思考者是指那些在某种程度上利用技能、能力以及批判性思维来为自己的私利服务的人，他们是不具有公正意识或不道德的批判性思考者。批判意识弱的批判性思考者有以下明显的特点：第一，他们看待自己与自己认同的人的理性标准，与他们看待对手所用的理性标准不同；第二，他们不会对自己不同意的观点共情；第三，他们倾向于从单一角度思考（从一个狭隘的视角看问题）；第四，虽然他们可能在口头上表示认可公正的批判性思维的价值，但他们并不是真正地认可这种价值；第五，他们有选择地、自欺欺人地使用理性技能，以牺牲真理为代价来维护自己的私利；第六，他们使用批判性思维技能寻找他人的推理和复杂的论点中的缺陷，在尚未深入思考这些论点前，就用繁杂的论点来反驳他人的论点；第七，他们经常用高度复杂的合理化方法来为自己的非理性思维辩护；第八，他们善于操纵别人。与该词对应的是批判意识强的思考者。

世界观（world view） 世界观是指一种观察和解释世界的方式，这种方式主要基于我们的假设和对概念的理解。我们每个人都有自己的世界观，我们根据自己的世界观来解释事件、情况、经历、人物、自然等。随着时间的推移，世界观会在某种程度上发生变化。随着年龄的增加，世界观也可能会变得更加丰富。世界观是人在新环境中思考的起点。换句话说，随着时间的推移，我们逐渐形成了自己的世界观，并接触到周围人的观念，继而需要决定接受哪些观念和拒绝哪些观念。我们带着我们的世界观面对每一个新的情况和环境。这样，我们每个人就都有了一种信念体系，或者说有了一个关于思想、假设等的心理地图，通过它我们来感受世界上的一切。我们大多数人都被自己的世界观束缚住了。因此，我们认为自己的思维方式是正确的思维方式，而不是一种可能需要改善的思维方式。批判性思维向我们发起的挑战正是让我们去面对这样的矛盾并解决它，直到我们的信念体系具有了理性和道德为止。当下学校教授的学习内容几乎没有帮助学生了解他们是如何看待世界的，以及他们看世界的角度是如何影响他们的经历、他们对事件的解读方式和他们对事件与人得出的结论的。因此，大多数学生并不认为他们具有世界观，且这种世界观是可以塑造的。在学习批判性思维的过程中，我们应该先发掘自己的世界观，并以开放的心态思考他人的观点。

推荐阅读

最有效的一种提升自己的方式是阅读，阅读可以让你开阔眼界，从而尽量消除社会环境和大众媒体对自己的影响。阅读成千上百年以来的经典书籍，能够让你摆脱固化的思维模式，发展出一种多角度思考的世界观。

> 如果我们遇到一个智慧非凡的人，我们应该问他读了什么书。
>
> 拉尔夫·沃尔多·爱默生
> （Ralph Waldo Emerson）

如果你只阅读当下的著作，无论你的涉猎范围多么广泛，你都可能会吸收到当今社会被认为是真理的谬误。以下这些作者的作品将让你重新思考当下，以重塑和拓展你的世界观。

- 2000 多年前：柏拉图（Plato，尤其是他探讨苏格拉底的著作）、亚里士多德（Aristotle）、埃斯库罗斯（Aeschylus）和阿里斯托芬（Aristophanes）；
- 13 世纪：托马斯·阿奎那（Thomas Aquinas）和但丁（Dante）；
- 14 世纪：薄伽丘（Boccaccio）和乔叟（Chaucer）；

- 15 世纪：伊拉斯谟（Erasmus）和弗朗西斯·培根（Francis Bacon）；

- 16 世纪：马基雅维利（Machiavelli）、切利尼（Cellini）、塞万提斯（Cervantès）和蒙田（Montaigne）；

- 17 世纪：约翰·米尔顿（John Milton）、帕斯卡（Pascal）、约翰·德莱顿（John Dryden）、约翰·洛克（John Locke）和约瑟夫·艾迪生（Joseph Addison）；

- 18 世纪：托马斯·潘恩（Thomas Paine）、托马斯·杰斐逊（Thomas Jefferson）、亚当·斯密（Adam Smith）、本杰明·富兰克林（Benjamin Franklin）、亚历山大·波普（Alexander Pope）、埃德蒙·伯克（Edmund Burke）、爱德华·吉本（Edward Gibbon）、塞缪尔·约翰逊（Samuel Johnson）、丹尼尔·笛福（Daniel Defoe）、歌德（Goethe）、卢梭（Rousseau）和威廉·布莱克（William Blake）；

- 19 世纪：简·奥斯汀（Jane Austen）、乔治·艾略特（George Elliot）、查尔斯·狄更斯（Charles Dickens）、埃米尔·左拉（Emile Zola）、巴尔扎克（Balzac）、陀思妥耶夫斯基（Dostoyevsky）、西格蒙德·弗洛伊德（Sigmund Freud）、卡尔·马克思（Karl Marx）、查尔斯·达尔文（Charles Darwin）、约翰·亨利·纽曼（John Henry Newman）、列夫·托尔斯泰（Leo Tolstoy）、勃朗特姐妹（the Brontes）、弗兰克·诺里斯（Frank Norris）、托马斯·哈代（Thomas

Hardy）、埃米尔·迪尔海姆（Emile Durkheim）、埃德
蒙·罗斯坦德（Edmond Rostand）和奥斯卡·王尔德（Oscar
Wilde）；

- **20世纪至今**：安布罗斯·比尔斯（Ambrose Bierce）、
古斯塔夫斯·迈尔斯（Gustavus Myers）、H. L. 门肯
（H.L.Mencken）、威廉·格雷厄姆·萨姆纳（William Graham
Sumner）、W. H. 奥登（W.H. Auden）、贝托尔特·布莱希
特（Bertolt Brecht）、约瑟夫·康拉德（Joseph Conrad）、马
克斯·韦伯（Max Weber）、奥尔德斯·赫胥黎（Aldous
Huxley）、弗朗茨·卡夫卡（Franz Kafka）、辛克莱·刘易
斯（Sinclair Lewis）、亨利·詹姆斯（Henry James）、乔
治·伯纳德·萧（George Bernard Shaw）、让-保罗·萨
特（Jean-Paul Sartre）、弗吉尼亚·伍尔夫（Virginia
Woolf）、威廉·阿普尔曼·威廉姆斯（William Appleman
Williams）、阿诺德·汤因比（Arnold Toynbee）、C. 赖特·米
尔斯（C.Wright Mills）、阿尔伯特·加缪（Albert Camus）、
薇拉·凯瑟（Willa Cather）、伯特兰·罗素（Bertrand
Russell）、卡尔·曼海姆（Karl Mannheim）、托马斯·曼
（Thomas Mann）、阿尔伯特·艾因斯坦（Albert Einstein）、
西蒙娜·德·波伏娃（Simone De Beauvoir）、温斯顿·丘
吉尔（Winston Churchill）、威廉·J. 莱德尔（William J.
Lederer）、万斯·帕卡德（Vance Packard）、埃里克·霍

弗（Eric Hoffer）、欧文·戈夫曼（Erving Goffman）、菲利普·阿吉（Philip Agee）、约翰·斯坦贝克（John Steinbeck）、路德维希·维特根斯坦（Ludwig Wittgenstein）、威廉·福克纳（William Faulkner）、塔尔科特·帕森斯（Talcott Parsons）、让·皮亚杰（Jean Piaget）、莱斯特·瑟罗（Lester Thurow）、罗伯特·赖克（Robert Reich）、罗伯特·海尔布隆纳（Robert Heilbroner）、诺姆·乔姆斯基（Noam Chomsky）、雅克·巴尔赞（Jacques Barzun）、拉尔夫·纳德（Ralph Nader）、玛格丽特·米德（Margaret Mead）、布罗尼斯拉夫·马利诺夫斯基（Bronislaw Malinowski）、卡尔·波珀（Karl Popper）、罗伯特·默顿（Robert Merton）、彼得·伯格（Peter Berger）、米尔顿·弗里德曼（Milton Friedman）、J. 布罗诺夫斯基（J. Bronowski）、彼得·辛格（Peter Singer）、简·古多尔（Jane Goodall）和霍华德·津恩（Howard Zinn）。

当你阅读以往的经典书籍时，你会开始了解当下存在的一些刻板印象和谬误。你会更好地了解什么是普遍的、什么是相对的、什么是重要的，以及什么是武断的。